中式烹调菜肴制作

主　编　杨进运　石增刚　刘建霞
副主编　王莎莎　许　铮　谭　琨
参　编　韩红元　刘宪法　安广利

北京理工大学出版社
BEIJING INSTITUTE OF TECHNOLOGY PRESS

图书在版编目（CIP）数据

中式烹调菜肴制作 / 杨进运，石增刚，刘建霞主编
. -- 北京：北京理工大学出版社，2024.4
ISBN 978-7-5763-3894-2

Ⅰ.①中…　Ⅱ.①杨…②石…③刘…　Ⅲ.①中式菜
肴—烹饪　Ⅳ.①TS972.117

中国国家版本馆CIP数据核字（2024）第088500号

责任编辑：封　雪　　　文案编辑：毛慧佳
责任校对：刘亚男　　　责任印制：施胜娟

出版发行 / 北京理工大学出版社有限责任公司
社　　　址 / 北京市丰台区四合庄路6号院
邮　　　编 / 100070
电　　　话 / （010）68914026（教材售后服务热线）
　　　　　　（010）63726648（课件资源服务热线）
网　　　址 / http://www.bitpress.com.cn
版 印 次 / 2024年4月第1版第1次印刷
印　　　刷 / 定州启航印刷有限公司
开　　　本 / 889 mm×1194 mm　1/16
印　　　张 / 12.5
字　　　数 / 225千字
定　　　价 / 89.00元

中式烹调历史悠久，源远流长。早在古代，就有"食不厌精，脍不厌细"的饮食理念。随着时间的推移，在前人的学习总结下，最终形成了如今的众多烹调技法，也创造了层出不穷的烹调美食。

近年来，随着中国经济的不断发展和人们生活水平的提高，餐饮业发展迅速，中餐招聘需求大幅增长，为中式烹调专业人才提供了大量就业机会。无论是酒店、餐厅、快餐店，还是家庭厨房，都需要具备专业技能的中式烹调师来保证菜品的品质和口感。此外，当今人们的消费观念也发生着变化，在饮食方面，不再仅仅局限于吃饱，而是更加注重食品的品质、特色、营养和健康。

市场的变化必然引起就业形式的变化，一方面，餐饮行业的快速发展需要大量的中式烹调专业人才，导致人才供不应求；另一方面，行业内对于高素质、高技能、具有创新能力的烹调师的争夺也非常激烈。这都要求从事烹调行业的人员具备较高的能力和素质。

在这样的背景下，市场上对中式烹调书籍的需求日益增长。然而，目前市面上的中式烹调书籍大多存在以下问题：一是内容不够系统全面，往往只侧重于某一种菜系或某一类菜肴的介绍；二是缺乏对烹调技法的深入讲解，读者难以真正掌握中式烹饪的精髓；三是无法触类旁通，读者往往只能掌握书中的美食烹调方法，却无法举一反三，甚至创造出独具特色的风味美食。为了满足市场对高质量中式烹调书籍的需求，本书以烹调技法为框架，全面系统地介绍了中式烹调的各种技法和经典菜肴，同时注重创新与发展，为读者提供了一本实用、权威的中式烹调指南。

本书的内容紧跟时代和行业发展的步伐，参照有关行业的职业技能鉴定规范、中级技术工人等级考核标准并配合行业技能大赛等的要求编写。

一、编书理念

本书基于任务驱动，更加符合现代餐饮市场的需求，在实训项目中融入传统文化、劳动教育、工匠精神、职业道德等内容，以学习任务为导向，强化读者对实训技能的掌握，可以提高读者的知识水平和动手能力并培养读者的职业技能。

二、图书内容

本书分为 5 个模块。其中，模块 1 通过中式烹调方法的特点、种类及岗位设置 3 个单元，让读者对中式烹调有大体的了解，明确各岗位的工作内容。模块 2 水烹法、模块 3 油烹法、模块 4 凉菜主要介绍常见菜肴的烹调方法，让读者通过典型菜例领会操作过程，还借助视频、趣味阅读等资源增加学习的趣味性。模块 5 鲁菜通过代表性菜品的选料、工艺流程、制作过程、成品特点、操作关键等环节详细介绍鲁菜的制作方法。

三、图书特色

（1）本书介绍了中式烹调岗位的设置，让读者充分体验真实岗位的工作职责、程序及标准，使产业与职业岗位、与专业设置、生产过程相结合，从而提升专业与产业的匹配度。

（2）本书采用真实的生产项目、典型的工作任务等作为载体编写，将行业发展的新技术、新工艺、新规范纳入各模块，旨在让读者紧跟时代的步伐，了解中式烹调菜肴行业的最新动态。通过阅读本书，读者可以掌握前沿的烹调技术，提升自己的专业素养，为在行业中立足与发展奠定坚实的基础。

希望本书能够成为广大烹调爱好者、专业厨师以及有志于从事中式烹调行业人士的良师益友，让大家在学习和实践中感受中式烹调的魅力和乐趣。同时，也希望大家能够通过本书更好地传承和弘扬中华饮食文化，为推动中式烹调行业的发展做出贡献。

由于编者水平有限，本书中的不当之处在所难免，恳请广大读者批评指正。

编　者

模块检测题
参考答案

目录
C O N T E N T S

模块 1 中式烹调方法概述及岗位设置

学习目标

素养目标

1. 传承和发扬中国烹饪文化的内涵。
2. 培养烹饪工作岗位协调能力和团队合作意识。

知识目标

1. 了解中式菜肴烹调的方法、特点和种类。
2. 了解中式烹调岗位行政组织结构及各岗位的分工。

技能目标

1. 能概括中式菜肴的特点、优势。
2. 会分辨菜肴使用的各种烹调技法。

中式烹调方法
概述及岗位
设置

模块导入

世界上有三大烹饪风味体系：中国、法国和土耳其。中国烹饪、饮食文化历史悠久，源远流长，素有"烹饪王国"之称，经过几千年的不断发展和完善，已成为一种完整的、独具特色的文化体系。中式烹调以技艺精湛、风味多样、食疗结合、畅神悦情著称于世，是世界文化中的宝贵财富。

单元1 中式烹调方法的概念和特点

[情境导入]

烹调是制作菜肴的一门技艺，包含"烹"和"调"两方面，两者既是统一的整体，又具有不同的技术内涵。

"烹"就是加热，起源于对火的利用，指运用各种加热手段，使烹饪原料由生到熟并形成具有标准的色泽、形态和质感的菜肴的过程。

"调"就是调和，指运用各类烹饪调料和施调方法，使菜肴形成标准的滋味、香气和色彩的过程。

[相关知识]

中式烹调方法的概念和特点

一、中式烹调方法的概念

中式烹调方法又称中式烹调技法，简称技法，是指烹饪原料经过初步加工、切配或腌制后，利用加热、调和等手段将其制成不同风味菜肴的方法。烹调方法对菜肴的制作工艺具有指导意义，是中式烹调技术的核心。中式烹调包含数十种常用的烹调方法，如炸、熘、爆、炒、烹、蒸、焖，在口味、形态和色泽上都有独特的风味。

二、中式烹调方法的特点

中式菜肴分为热菜和凉菜。热菜指的是加热过的食物，经过调味与恰当的火候烹制的菜品，采用先刀工、后烹调的方式。凉菜又称冷拼、冷荤，其中的很多菜品在制作过程中要先煮熟再冷却。

在长期的发展过程中，由于原料的性质、形态不同，以及对于菜肴的色、香、味、形、质、器、养的要求不同，加之烹调工艺具有区域性和地方性，中式菜肴便形成了众多的烹调方法，普遍有如下特点。

（1）种类多。目前流行的烹调方法有40余种，如爆、炒、炸、熘、蜜汁、挂霜等。

（2）地方性强。在烹调方法的种类中，相当一部分烹调方法带有明显的地方特色，如鲁菜的"爆"、川菜的"小炒"、苏菜的"焖"、粤菜的"煸"。

（3）发展和更新速度快。创新菜肴层出不穷，除了新原料不断出现外，烹调方法也在不断创新。

（4）灵活性强。地区的差异，原料的品种、质量，使用的燃料、炊具，生活习惯等，对烹调方法的具体操作都有影响，运用同一种烹调方法制作不同原料的菜肴，或者同一类菜肴采用不同方法制作，都需要根据具体情况进行细节调整，才能达到好的效果。

（5）注重控制刀工和火候。刀工是中国厨师的基本功。而中国菜对于刀工的要求非常高，普通的食材经过厨师的加工后，就可以拥有栩栩如生的造型。火候分为旺火、中火、小火、微火，而不同的菜肴应使用不同的火候烹调。

[趣味阅读]

推广健康烹饪模式与营养均衡配餐

《国民营养计划（2017—2030 年）》（图 1.1）中提出，要开展健康烹饪模式与营养均衡配餐的示范和推广。大家应控制盐的摄入量。另外，还要坚持食物多样、谷类为主的膳食模式，推动国民健康饮食习惯的形成和巩固，以及加强对传统烹饪方式的营养化改造，研发健康的烹调模式。相关研究者应结合人群营养需求与区域食物资源特点，开展系统的营养均衡配餐研究。另外，还要创建国家食物营养教育示范基地，开展示范健康食堂和健康餐厅的建设。

图 1.1 国民营养计划（2017—2030 年）

单元2 中式烹调方法的种类

中式烹调方法的种类

[情境导入]

烹调方法是指把经过初加工的烹饪原料运用加热、调和等手段制成特色风味菜肴的方法。根据中式餐饮的特点，烹调方法也包括只调制、不加热的方法，如凉拌、腌制菜肴等；以及只加热、不调制的方法，如煮粥、蒸馒头等。

烹调方法对菜肴的制作具有指导意义，是中式烹调技艺的核心。原料在通过加工后，产生了一系列理化反应，从而形成色泽、香气、味道、形态、质感等不同的风味特色，使原料变为既利于健康养生，又广受大众喜爱的风味菜肴。

[相关知识]

目前，中式烹调常用的传热媒介主要有油、水、汽、固体和电磁波等，根据传热介质的不同，烹调方法分为水烹法、油烹法、汽烹法、固体烹法、电磁波烹法等。

1．水烹法

水烹法是以水或汤汁作为传热介质，利用液体的不断对流将原料加热成熟的烹调方法。这种烹饪方式是最基本的加热方式。水烹法能够使成品菜肴表现出汤汁醇美、酥烂脱骨等特点。此外，水烹法还包括汽烹方式和锅烹方式，其中的汽烹是以水蒸气作为传热介质，而锅烹则利用铁锅将炉火的热能直接传导给原料。

水烹技法包括炖、焖、汆、烧、扒、卤等多种烹饪方法，这些方法充分利用水的传热性能，施以适当的火候和调味，使成品菜肴展现出独特的美食特性。

在实际应用中，水烹法还可以与其他烹调技巧结合，从而创造出更加丰富的口味。例如，可以将鸡蛋和其他调料放入水中，先用小火烹煮 10 分钟，再焖 1～2 分钟，便可制作出口感香辣、鲜嫩的下饭菜。

2．油烹法

油烹法是指以油为传热介质的烹调方法。根据传热机制和用油量的多少，油烹法可分为大油量、小油量和薄层油量三种类型。大油量油烹法是以过油为主；小油量油烹法用油量相对较少，如滑油，将原料在低油温中滑散至成熟的过程；薄层油量油烹法的用油量是最少的。油烹法主要有炒、爆、炸、熘、烹、拔丝、挂霜、煎、贴等。

用油烹法制成的菜肴具有滑嫩、软糯等特点，尤其是在滑熘、软熘、滑炝等过程中使用。此外，油烹法还能使菜肴呈现出外脆里嫩、质感丰富、口味干香、色彩诱人、造型美观等特点。

另外，使用油烹法时需要注意控制油温，因为油温会影响菜肴的质量。同时，调配的调味汤汁应与主料的用量匹配，且在烹调时要注意主料的含水量，以便确定合适的时间和火候。

3．汽烹法

汽烹法主要是指蒸制法。蒸是将经过加工切配、调味的烹饪原料，利用蒸汽为传热介质加热使之成熟的烹调方法。蒸的种类有清蒸、粉蒸、包蒸、汽锅蒸等，如梅子蒸排骨、清蒸鱼、荷叶粉蒸肉。

4．固体烹法

固体烹法是指通过盐或其他固体物质将热量传递给原料，从而制熟成菜的烹调方法。用此法制成的菜肴多有原汁原味、细嫩鲜香的特点。焗是常用的固体烹法，如盐焗鸡、石子烹腰花。

5．电磁波烹法

电磁波烹法又称辐射法，是以电磁波、远红外线、微波等为传热介质将主配料加热使其成熟的烹调方法。电磁波烹法通常选用红外线烤箱、微波炉等机械设备作为加热工具。用此法制成的菜肴具有软嫩酥烂、形态完整等特点，如烤鸡腿、叉烧肉。

[趣味阅读]

烹调鼻祖——伊尹

伊尹（图 1.2）出生于伊水流域（今河南洛阳附近），在很小的时候就被卖到有莘国当奴隶。但伊尹聪明勤奋，虽耕于有莘国之野，但乐尧舜之道；既擅长烹调技术，又深谙治国之道；既当奴隶主贵族的厨师，又当贵族子弟的"师仆"，以研究三皇五帝和大禹王等英明君王的施政之道而远近闻名。因此，求贤若渴的商汤王三番五次以玉、帛、马、皮为礼前往有莘国去聘请他。今嵩县空桑涧西

图 1.2　伊尹

南平兀如几的小山就是世传商汤聘请伊尹的三聘台，而在城南沙沟龙头村"元圣祠"的右厢房也有三聘台，专供后人凭吊祖先。有莘王不允许商汤聘任伊尹。于是，商汤只好娶有莘王的女儿为妃，让伊尹以陪嫁奴隶的身份来到汤王身边。

伊尹以"烹饪做汤"为例向商汤讲解治国之道，劝他伐夏，救百姓于水火之中。《道德经》中写的"治大国，若烹小鲜"表达的意思也是治理大国正如做菜那样，应根据客观规律进行。

于是，商汤任命伊尹为商国右相，让他和仲虺共同谋划处理各种国事。在伊尹的帮助下，商国的国力更加强大，最终灭掉夏国，建立了商朝。

伊尹在当厨师时，看到人们在吃中草药的叶、根时，难以下咽，就用陶器煎草药汤液给他们服用。《中药学》中提到，商代伊尹始创汤液，疗效显著，服用方便，并可降低药物的毒副作用。此后，这种汤液便成为常用的中药剂型，使中药得到了推广，并延续至今。故伊尹被尊为"烹调鼻祖"。

单元❸ 中式烹调岗位设置

中式烹调岗位
设置

[情境导入]

餐饮行业赛道众多,包括西式餐饮、中式餐饮、休闲饮品等。其中,中式餐饮占比超过 80%。中式餐饮又分中式正餐及中式快餐两大类型。其中,中式快餐是以我国本土的餐饮习惯为主,借鉴并吸收西式快餐文化而形成的一大餐饮类型。

中式餐饮行业包括酒店、饭店、酒楼、快餐店、小吃店等多种经营形式,其中的人员组成各不相同。厨房各岗位的工作人员分工明确、协同合作。

[相关知识]

岗位一　粗加工

🍳 一、岗位描述

粗加工岗位的主要工作是完成原材料的初加工,决定了菜品的清洁度与质量。

🍳 二、岗位职责

直接上级:厨师长。

直接下级:无。

1．领取原料并进行初加工

(1)根据点菜单的情况领取原料,并向厨师长报告贵重原料的领取数量。

(2)熟悉菜品所需原料并做好有针对性的初步加工,把握好保证成菜质量的第一关。

(3)负责蔬菜的清洗、加工,根据烹饪要求将蔬菜去老叶、去皮、去根等。

(4)负责禽类、海鲜、河鲜等的宰杀、清洗和初加工工作。

(5)负责肉类产品的解冻及海参等干货的涨发与初加工工作。

2．保管及传送原料

(1)负责妥善保管每日剩余的原料,对于有保鲜、冷冻要求的原料要及时送冷库保存。

(2)及时将经过初加工的原料送至相应的操作点,例如,将经过初加工的蔬菜送到切配间及相关操作点。

（3）及时通知砧板组长原材料的库存量，灵活掌握每日所需菜品原料。

3．清洁卫生及其他工作

（1）负责将用过的刀、墩、案等工具洗净收好，并打扫负责区域的卫生。

（2）负责检查本组区域水、电、气开关是否正常。

（3）熟悉厨房内所有机械设备的性能，做好维护与管理工作。

（4）协助厨师长做好每日及月末盘点工作。

（5）完成上级交代的其他工作。

三、岗位工作程序及标准

目的：规范工作程序。

适用范围：粗加工厨师。

（1）根据厨房请购单，检查验收当日采购原料是否符合质量、数量、品牌、规格要求，检查是否有遗漏或不足，对不符合要求的原材料要及时进行跟催解决。

（2）准备好各种削洗工具和盛器等用具。

（3）熟悉各种蔬菜及鸡、鸭、鱼、肉的加工技术，及时做好削、洗等粗加工工作，做到干净、整齐、符合要求。

（4）将蔬菜、瓜果等分拣、洗涤、去皮、去籽、去茎叶，并加工成一定的形状，再取得净料。清洗蔬菜时要用食盐融水浸泡，确保菜叶上无虫。

（5）需涨发的干货原料，如海参、鱼翅、鲍鱼、木耳等均需进行特殊加工。例如，鱼翅要褪尽泥沙粒、去除腥味；熊掌应去除毛和臊臭；燕窝应去除毛和沙粒等，并按规定的时间、温度、溶液涨发。

（6）处理肉类原料时，应进行去皮剔骨、分档取肉。

（7）处理禽类原料时，应取出胸肉、腿肉、翅爪等部位，根据细加工的要求，加工成一定形状。

（8）鱼虾应先去鳞、去内脏等，再洗净。

（9）在对冷冻食品进行解冻时，首先要将原材料放入水池中，然后放水浸泡。解冻后，将原材料洗干净再进行粗加工处理。

（10）食品削洗后，要做到鱼肉分开、荤素分开、各种蔬菜分开，并有序存放于冰箱内。

（11）厉行节约，做好各种食品原料的综合利用工作。

（12）做好环境卫生工作，保持水池、地面干净，及时清倒垃圾。

（13）做好原料加工记录，了解次日厨房要货品种、数量、到货时间和加工要求，以便提前做好相应的准备工作。

（14）下班前检查粗加工间水、电、气及设备的关闭情况，做好安全记录。

岗位二　砧板

一、岗位描述

砧板主要是根据烹调需求，把菜品所需原料加工成一定形状。该环节决定菜品的色、形、养。

二、岗位职责

直接上级：厨师长。

直接下级：无。

（1）服从厨师长工作安排，完成砧板岗位的各项出品工作。

（2）负责中厨出品的日常切配工作。

（3）负责厨房各种原材料的保管和使用，特别是半成品的制作和腌制。

（4）按照各种菜式的分量标准及搭配要求处理日常工作。

（5）在开餐过程中严格按菜单配菜，按顺序烹制。

（6）负责收集好菜肴销售凭证。

（7）用餐结束后做好卫生清洁工作。

（8）协助厨师长做好每日及月末的盘点工作。

（9）完成上级交代的其他工作。

三、岗位工作程序及标准

目的：规范工作程序。

适用范围：砧板厨师。

（1）对当日请购原材料进行验收，确保符合使用要求，对不符合要求的原材料要及时进行退换。

（2）对粗加工人员加工的原材料进行检查，确保符合切配及腌制要求。

（3）根据出品要求对当日原材料进行切配、腌制、涨发等加工，青菜清洗池与肉类、水产清洗池分开使用，确保盛器干净。

（4）开餐前应将冰箱中的半成品拿出来放在食物架上整齐分类摆放，并检查原料是否齐全、充足。

（5）备齐开餐用的各类用具，准备配菜。

（6）接收订单，按配份规格进行配菜。

（7）开餐结束后做好收尾工作，按要求将剩余原料放入冰箱，要将食物分类存放，将生熟分开。给水浸原料换水并清洗砧板、收放刀具，锁好冰柜并检查冰箱温度。

（8）清理工作区域，将原料物品摆放整齐，做到地面无杂物、油污、血迹。

（9）检查盘点当日原材料结余情况，并做好记录。

（10）对当日单据进行检查，待核实无误后将其投入投单箱。

（11）根据订单要求做好次日原材料请购单的填写工作，详细标注采购材料的规格、数量、质量等要求。

<h2 style="text-align:center">岗位三　打荷</h2>

🍳 一、岗位描述

打荷岗位的主要工作是完成开餐前的餐具、盘饰准备，与传菜员配合传送菜品，确保出菜及时准确。该环节决定了菜品的色、形、器、温。

🍳 二、岗位职责

直接上级：厨师长。

直接下级：无。

（1）在厨师长的领导下，熟悉并掌握菜肴的基本烹调方法。

（2）负责按要求将供应菜式的各种原料准备齐全，负责煮、扣、炖、发等工作。

（3）与砧板厨师配合，负责厨房每日所需原料的统计。

（4）负责厨房出品浇汁、勾芡、配色、摆样等外观形象设计，使菜肴能够更加美观。

（5）与传菜员保持沟通顺畅，出菜及时、准确。

（6）检查开餐前准备的盘饰情况，并将宴会所用的餐盘全部准备妥当，如与宴会要求不符，应及时调整。

（7）严格执行卫生工作制度，做好荷台及场地的清洁工作。

（8）管理和爱护本岗位的设备、用具，如有损坏，及时检查破损原因并上报厨师长及时维修。

（9）协助厨师长做好盘点工作。

（10）保持高效率和高质量出品。

（11）完成上级交付的其他工作。

三、岗位工作程序及标准

目的：提高菜品质量。

适用范围：打荷厨师。

（1）清理工作台，取出各种调味汁及糊浆。

（2）整理蒸车，做好准备工作。

（3）根据烹调要求，备齐餐具，完成盘饰的准备。

（4）有序传送、分派各类菜肴，供炉灶厨师烹调。

（5）为制成的菜肴搭配餐具，整理菜肴造型并装饰。

（6）将已装饰好的菜肴传至出菜位置。

（7）清理工作台及分管的卫生区域。

（8）做好次日打荷用料的请购单填写工作，详细标注打荷用料的规格、数量、质量等要求。

岗位四　站灶

一、岗位描述

站灶岗位的主要工作是利用烹制技法完成菜品的烹制，确保菜品质量。该环节决定了菜品的色、香、味、形、质、养、声的综合质量。

二、岗位职责

直接上级：厨师长。

直接下级：无。

（1）在厨师长的领导下，严格按照菜式规定，烹制各种菜肴，保证出品质量。

（2）掌握各类菜肴的烹制特点和技术要求。

（3）熟悉各种原材料属性，并负责调料的保管，按时令更换菜式。

（4）根据厨师长的要求设计、创新和烹制新的菜肴。

（5）协助管理和爱护本岗位的各项设备及用具，如有损坏，及时补充并报修。

（6）协助厨师长做好每日及月末的盘点工作。

（7）严格执行卫生制度，做好清洁工作。

（8）完成上级交代的其他工作。

三、岗位工作程序及标准

目的：规范工作程序。

适用范围：站灶厨师。

（1）每日清理灶台卫生及个人区域卫生，使灶台光洁，地面无污物；清洗调料盒及油桶，添加各种调料。

（2）严格按照领用制度领用各种调味品。

（3）将值班厨师切配烹调用料头、葱榄、姜片等发至灶台。

（4）站灶厨师对各原料进行腌制、调味等处理，制成半成品。

（5）站灶厨师在烹调过程中，根据菜肴的要求，使其色、香味俱佳。

（6）工作结束后，清理责任区域内的卫生，各种工具、用具应摆放整齐。

（7）做好次日灶台所需用具及原料的请购单填写工作，详细标注所需用具及原料的规格、数量、质量等要求。

（8）在下班前检查工作区域内水、电、气及设备的关闭情况，做好安全记录。

岗位五　凉菜

一、岗位描述

凉菜岗位的主要工作是负责卤水、凉菜、拼盘及水果的出品。

二、岗位职责

直接上级：厨师长。

直接下级：无。

（1）服从厨师长的督导，完成凉菜岗位卤水、凉菜、拼盘，以及水果盘的各项出品工作。

（2）负责凉菜岗位原材料的保管和使用。

（3）按菜品的分量、标准、口味及搭配要求，完成原料加工，保证出品质量。

（4）掌握蔬菜象形雕刻的技巧和生动、新鲜的雕刻要求。

（5）掌握各种凉菜的拌法、拼切、造型等，根据宴席要求制作菜品。

（6）协助厨师长做好每日及月末盘点工作。

（7）严格执行卫生制度，保持好岗位卫生，做好用具及凉菜间的消毒，并做好消毒记录。

（8）完成上级交代的其他工作。

三、岗位工作程序及标准

目的：规范工作程序。

适用范围：凉菜厨师。

（1）开餐前整理卫生，要求地面清洁，物品摆放整齐有序。

（2）准备制作凉菜所用餐具及用具。

（3）调制好各种调味汁，符合配比要求。

（4）检查冰箱原料储存，本着先进先出的原则销售。

（5）掌握凉菜出品时间及顺序，负责斩、切、调制各种凉菜。

（6）生熟分开，用具定期消毒。

（7）掌握凉菜成本及售价，核准毛利，控制原料成本，杜绝浪费。

（8）做好开餐结束后的收尾工作，确保所有原料按标准要求存放。

（9）做好当日原料盘存，做好次日的原料请购单的填写工作，详细标注所需原料的规格、数量、质量等要求。

（10）在下班前检查水、电、气及设备的关闭情况，确保安全，并做好安全记录。

岗位六   面点

一、岗位描述

面点岗位的主要工作是完成中西式面点及风味小吃的制作。

二、岗位职责

直接上级：厨师长。

直接下级：无。

（1）负责中西式面点及风味小吃的制作。

（2）按宴会需求配制食品品种，掌握各品种的成本及售价，核准毛利，控制原料成本。

（3）接收领料单，领取每天制作面点所需的原料。

（4）严格执行食品卫生法规，把好食品卫生质量关。

（5）把当日所剩面点制品按要求放入冰箱、保鲜柜或指定位置存放。

（6）下班前检查并关闭工作区域内水、电、气及设备的关闭情况，做好安全记录。

（7）协助厨师长做好每日及月末盘点工作。

（8）完成上级交代的其他工作。

三、岗位工作程序及标准

目的：为宾客提供美味可口的主食。

适用范围：面点师。

（1）上岗前，按规定自检仪容仪表。

（2）每日做好环境卫生、工作用具的清洁工作。

（3）熟悉制作各种面点的技术，负责中西式面点及风味小吃的制作，并经常更换花式品种。

（4）检查当日原材料质量，确保不使用变质原料。

（5）拌馅：负责切配拌制各种生熟馅料，熟悉和掌握各种肉类和干湿原料。

（6）煎炸：利用煎炸的方法将各种面点加温至熟，火候要均匀，还要制作各种点心的芡汁和糖水。

（7）蒸制：用蒸制方法将各种面点品种加温制成熟品，确保出品形态生动美观、味美质高。

（8）烤制：用烤制的方法将各种面点品种加工成熟，确保烤制好的成品符合出品要求。

（9）确保每份食品的分量，把好食品卫生质量关，合理使用原料，杜绝浪费，控制好成本。

（10）做好设备设施的清洁、维护及保养，维护清洁区域的卫生。

（11）下班前检查工作区域内水、电、气及设备的关闭情况，做好安全记录。

<h1 style="text-align:center">岗位七　消洗员</h1>

🍳 一、岗位描述

消洗员岗位的主要工作是按照程序和标准，完成餐具的洗刷和消毒工作，确保餐具的清洁卫生。

🍳 二、岗位职责

直接上级：管事组主管。

直接下级：无。

（1）负责餐具的洗刷消毒工作，严格按程序和标准保证餐具的清洁卫生。

（2）及时清理垃圾，确保消洗间无蚊蝇、无异味。

（3）清洗过程中注意保护好餐具，尽量减少损耗。

（4）做好餐具的存放，按要求分类摆放。

（5）保持好个人卫生和清洗场所的环境卫生。

（6）服从安排，遵守各项管理制度。

（7）完成上级交代的其他工作。

🍳 三、岗位工作程序及标准

目的：规范工作程序。

适用范围：洗碗工。

1. 餐前准备

（1）检查个人的仪容仪表。

（2）清洁本岗位的设备及环境卫生。

（3）准备好洗涤所需的工具。

2. 餐中工作

（1）负责洗涤所有餐具、菜盘，依照"一刮、二洗、三冲、四消毒"的原则进行清洗。

（2）发现破损的、有缺口的餐具、菜盘必须挑出处理。

（3）经消毒后的餐具、菜盘按要求分类存放于规定位置（如冷盘碟需放在冷盘间等）。

（4）在工作过程中注意轻拿轻放，尽量减少损耗。

（5）在洗涤过程中要节约用水（避免长流水），按比例配比调制洗涤液，避免浪费。

（6）定期保养餐具。

3．餐后整理

（1）下班前必须洗完所有餐具和菜盘并按规定的方法储存。

（2）清洁责任区域内的卫生。

（3）将所有洗涤用具存放到规定位置并摆放整齐。

（4）关闭消洗间电源、水源及设备开关，确保安全并做好安全记录。

岗位八　厨师长

一、岗位描述

厨师长是厨房的"首席执行官"，在厨房管理中的任务十分重要，不仅负责主持厨房的组织领导、业务管理工作，还负责激发手下厨师们的创作灵感，还要随时处理厨房发生的问题，并及时向行政总厨汇报。

二、岗位职责

直接上级：行政总厨。

直接下级：厨师。

（1）在行政总厨的领导下主持厨房的日常工作。

（2）协助行政总厨制定菜单，根据季节变化不断创新菜品和推出特色菜。

（3）负责中餐菜肴规格和制作标准的制定，参与研究开发菜肴及食品推荐活动。

（4）带头履行各岗位职责和各项制度及规定标准，负责高规格及重要客人菜肴的烹制工作。

（5）负责审订及验收每天所需原材料，以及厨房每天所需原材料、调料申请单的审签。

（6）负责厨房各班组工作协调和人员的临时调配。

（7）负责厨房考核工作，协助行政总厨做好工作评估，参与员工奖惩的决定。

（8）督导厨房各岗位做好环境及个人卫生工作，防止发生食物中毒事件。

（9）制订厨房员工培训计划，并负责实施。

（10）负责厨房所有设备、器具正确使用的检查与指导，审批器械检修报告单。

（11）督导下属做好安全生产工作，确保食品加工和生产操作安全。

（12）负责成本及毛利核算，确保毛利率控制在酒店要求的范围内。

（13）完成上级交代的其他工作。

岗位九　行政总厨

🧑‍🍳 一、岗位描述

行政总厨是厨房的高层管理者，肩负厨房管理的重任。一方面，全面负责各厨房的运作和管理，保证各餐饮消费场所的营业需求，为宾客提供优质的菜点食品，并做好菜品的成本核算和控制工作；另一方面，组织厨师长及各专业厨师攻克技术难关，创制新菜品，培养技术力量，建设一支素质高、技术过硬的厨师队伍。

🧑‍🍳 二、岗位职责

直接上级：餐饮部经理。

直接下级：各灶厨师长。

（1）组织和指挥厨房工作，监督菜品的出品流程，按规定制作优质的菜品。

（2）根据餐饮部的经营目标，负责市场开发及发展计划的制定，监督各类菜单的筹划和更换。

（3）协调厨房工作及厨房与其他部门之间的关系，根据厨师业务能力和技术特长，负责各岗人员的安排和调动工作。

（4）根据各工种、岗位生产特点和餐厅营业情况安排工作时间，检查考勤情况，负责评估直接下属的工作情况进行评估。

（5）督促厨房管理人员对设备、用具进行科学管理，审核厨房设备、用具的更换和添置计划。

（6）审核各厨房的工作计划、培训计划、规章制度、工作程序及标准。

（7）负责菜点成品质量的检查控制，高规格及重要客人的菜肴亲自带领团队进行烹制。

（8）定期总结分析生产经营情况，改变生产工艺，准确控制成本，使厨房的生产质量和效益不断提高。

（9）负责对酒店贵重食品原料申购、验收、领料、使用等方面的检查控制。

（10）主动征求客人及餐厅对产品的质量和生产供应方面的意见，督导实施改进措施，负责处理客人对菜点质量方面的投诉。

（11）参加酒店及部门召开的有关会议，保证会议精神的贯彻、执行。

（12）督导各岗保持厨房清洁整齐，确保厨房食品卫生，防止食物中毒事件的发生。

（13）检查厨房安全生产情况，及时消除各种隐患，保证员工的安全。

（14）审核、签署有关厨房工作方面的报告。

（15）完成上级交代的其他工作。

[趣味阅读]

菜品与就餐客人的感官印象如图 1.3 所示。

★色是菜之肤：色泽追求自然，色泽追求靓丽。

★香是菜之气：叫起即烹，成肴快上，传菜加盖。

★味是菜之魂：调料简单，单一风味烹制，强化原味。

★形是菜之姿：饰求简，忌乱撒，忌乱配。

★器是菜之衣：器重搭配，器忌单调。

★质是菜之骨：涨发妥当，火候到位，力求新鲜。

★声是菜之语：响则能闻。

★温是菜之脉：热菜上桌，烫且持续；凉菜上桌，凉而不冰。

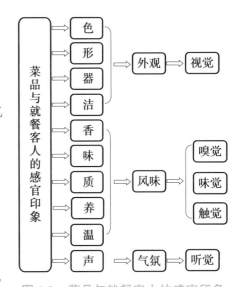

图 1.3　菜品与就餐客人的感官印象

★养是菜之本：食之腹，亦有相融相克，合理调配的食疗之法乃养身之本。

★洁是菜之基：入口之食，污则损身，是绿色天然的健康之源。

模块检测

一、填空题

1．各灶厨师长组织和指挥厨房工作，监督食品出品流程，按规定生产_____。

2．常见的中式烹调方法有_____和_____。

3．站灶厨师每日负责清理灶台卫生及保持个人区域卫生，要_____，_____；清洗_____，添加_____。

4．粗加工厨师在处理禽类原料时应取出_____、_____、_____等部位，然后根据细加工的要求将其加工成一定形状。

二、选择题

1. 中国菜肴的特色有（   ）。

A. 以味的艺术享受为核心，以养的物质享受为目的

B. 色、香、味、形、质、器、养俱全

C. 地方风味流派各具一格

D. 烹调方法多种多样

2. 四大风味流派是（   ）。

A. 湖南菜、杭菜、安徽菜、福建菜   B. 仿唐菜、仿秦菜、仿宋菜、谭家菜

C. 鲁菜、川菜、苏菜、粤菜   D. 清真菜、寺院菜、市肆菜、私家菜

3. 下列烹调方法中属于油烹法的是（   ）。

A. 炸、熘、爆、炒   B. 拔丝、挂霜、煎、爆

C. 蒸、烧、扒、爆   D. 炸、焖、扒、贴

4. 下列烹调方法中属于水烹法的是（   ）。

A. 蜜汁、挂霜、爆、烩   B. 扒、烧、氽、煮

C. 熏、烤、烧、扒   D. 盐烹、石烹、焖、煮

三、简答题

1. 请简要说明中式烹调方法的概念。

2. 中式烹调方法的特点是什么？

3. 中式烹调方法的种类有哪些？

模块 2 水烹法

学习目标

素养目标

培养学生的食品安全意识、规范操作习惯、创新能力，使学生注重安全生产，提高烹饪技能，以及职业素养和综合能力。

知识目标

1. 了解水烹法的概念、种类、特点。

2. 了解水烹法的操作方法和菜例。

技能目标

1. 掌握水烹法的特点。

2. 掌握使用水烹法制作的各种菜例的用料、风味特点、制作工艺和操作关键。

模块导入

水烹法是以水为加热体，在水对热的传递作用下，使烹饪原料受热变性成熟，成菜软、烂、嫩、黏、醇厚、湿润。水作为传热介质，具有导热平稳、温度恒定、不易焦化的优越性。在不同的水量、温度与时间作用下，菜肴会形成各种风味特色。水又可以作为溶剂，即在加热过程中，原料经水解后，会形成汤汁，这在调制菜肴风味方面具有重大意义。

水烹法是随着陶、铜、铁等炊、灶、餐具的发明而产生和完善的，它在中国烹调技法中占有十分重要的地位。

水烹的主体技法是以两次加热操作方法为主的，较为容易掌握火候。从大体上来说，水烹火候以柔见长，油烹火候以刚著称，可谓各有千秋。

总之，水烹法是制作热菜的大类系列技法，受到各大菜系的重视。

水烹法的概念
和种类（一）

水烹法的概念
和种类（二）

单元① 烩

[情境导入]

宋朝佞臣当道，秦桧等把持朝政，于是，一些志士就把各种蔬菜炸过之后烩在一起，把它当成秦桧。这道菜很快便在百姓当中流传开来，后经历朝历代，口味不断改进，才有了现在的烩菜。

烩菜是用许多原料一起炖、煮制而成，分为河南烩菜、东北乱炖、山西烩菜、博山烩菜、河北熬菜等各种做法。上等的称"海烩菜"，配有海味；中等的称"上烩菜"；一般的称"行烩菜"。另外，烩菜也可用火锅的形式现场制作。

[相关知识]

"烩"是指将多种易熟或初步熟处理的小型原料一起放入锅内，加入鲜汤、调味品，用大火或中火对原料进行较短时间加热，烧沸入味后勾芡成菜的烹调方法，分为清烩、白烩、红烩、生烩、熟烩五种。

（1）清烩。是烩法中唯一不勾芡的技法。将锅烧热加底油，用葱、姜炝锅后，加配料、汤水和调味料，用大火烧沸，随即放进主料，烩熟撇去浮沫装入烩盘。其汤清澈，味醇美。

（2）白烩。将锅烧热加底油，用葱、姜炝锅后，将原料下锅，加汤和无色调味料，用大火将其烧沸，待原料软熟时，勾很稀的米汤芡。

（3）红烩。其与白烩相似，但汤汁内需加酱油或有色调味料，汤沸后淋入较稀的流芡。

（4）生烩。其应用面不广，适用于鲜嫩易熟的原料，如豆腐、鸡蛋、木耳、部分绿叶菜等，将原料直接下锅烩制成熟，勾较稀的糊芡。

（5）熟烩。其是指将原料经油炸、油滑、烧煮、汽蒸、汆焯等初步熟处理后，再经刀工成形并烩制成菜。

操作要领：

（1）烩菜对原料的要求比较高，多以质地细嫩、柔软的动物性原料为主，以脆鲜嫩爽的植物性原料为辅，强调的是原料或鲜嫩或酥软，不能带骨屑，也不能有腥味和异味，且以熟料、半熟料或易熟料为主。要求加工得细小、薄、整齐、均匀、美观。

（2）烩菜所用的原料不宜在汤内久煮，多经焯水或过油（鲜嫩易熟的原料也可生用），有的原料还需要先上浆，再进行初步熟处理，通常汤沸后就勾芡为宜，以保证成菜口感鲜嫩。

（3）烩菜的美味大半在汤。所用的汤有两种，即高级清汤和浓白汤。高级清汤用于口味清咸、汤汁清白的烩菜；浓白汤用于口感厚实、汤汁浓白或红色的菜。

（4）因烩菜汤、料各半，勾芡是重要的技术环节，芡要稠稀适度（略浓于"米汤"）。芡过稀，原料浮不起来；芡过浓，黏稠糊嘴。勾芡时，火力要旺、汤要沸，下芡后要迅速搅和，使汤菜通过芡的作用而融合。另外，勾芡时还需要注意水和淀粉溶解搅匀，以防勾芡时汤内出现疙瘩粉块。

成菜特点：汤宽汁纯，料质脆嫩、软滑，口味咸鲜、清淡。

适用范围：适用于各类动、植物原料和加工性原料。

总之，"烩"是一种非常灵活的烹饪方法，可以根据实际情况调整。只要掌握好原料的选取、火力、勾芡等操作要领，即可制作出色、香、味俱全的烩菜。

[菜例]

一、酸辣烩里脊

酸辣烩里脊

酸辣烩里脊如图 2.1 所示。

烹调方法：烩。

菜品味型：咸鲜酸辣。

食材原料：

主料：西红柿 200 克，甘蓝 200 克，里脊肉 200 克，水发木耳 100 克。

配料：鸡蛋 1 个，葱、姜、蒜各 2 克。

调料：色拉油 500 克（实耗约 20 克），面粉 30 克，盐 5 克，味精 2 克，生抽 5 克，白醋 2 克，陈醋 20 克，料酒 3 克，胡椒粉 5 克，香油 5 克，淀粉 30 克。

图 2.1　酸辣烩里脊

工艺流程：

初加工→刀工处理→制糊→烹调→成菜装盘。

制作过程：

1．初加工

（1）将葱、姜、蒜去皮、洗净。

（2）将甘蓝去黄叶洗净，木耳用温水泡发。

2．切配

（1）将西红柿切块（可去皮），甘蓝切块，水发木耳撕成小片。

（2）将葱、姜切丝，蒜切片。

3．制糊

把鸡蛋、面粉、淀粉加水搅拌均匀调成糊。

4．烹调

（1）将里脊肉切成约 0.3 厘米的薄片，加盐、料酒腌制入味，再把里脊肉挂上糊，逐片下入油锅中炸成金黄色。

（2）先在锅内加入色拉油，下入葱、姜、蒜炒香，放入甘蓝、木耳略炒，加入开水、西红柿并将水烧开，再加入陈醋、白醋、生抽、盐、胡椒粉、味精调味。出锅前，把炸好的里脊肉放入拌匀，淋入香油出锅即可。

成品特点：

汤鲜味美，软嫩鲜香，酸辣适口。

操作关键：

（1）糊的厚薄要适宜。

（2）掌握好油温，肉片要炸酥（肉片要复炸）。

（3）肉片必须在汤汁做成以后下锅，若过早，会使其失去原有的口感。

相关菜品：

用此菜品烹调方法还可以制作酸辣烩鱿鱼丝、三鲜豆腐羹、酸辣乌鱼蛋等。

思考与练习：

（1）"烩"的定义是什么？

（2）酸辣烩里脊的制作关键有哪些？

[趣味阅读]

巴渝烩饭

巴渝人常说的"烩饭"在某些地方又称为"懒饭"。这种饭历史悠久，据传最早起源于汉代，其始创者为楼护。

楼护，字君卿，齐鲁（今山东）人氏，少年时代曾广读医书，年轻时做过京兆吏，后来还担任过谏大夫、天水太守等官职。楼护能言善道，深得被世人称为"五侯"的汉成帝之母舅王潭、王根、王立、王商、王逢等人的赏识，常去"五侯"各家拜访，与他们交往甚密。"每旦，五侯家各遗饷之"（各家常送些好吃的东西给他）。人的胃口说来也怪，日日吃粗茶淡饭者可能最想吃的就是山珍海味，而顿顿吃山珍海味者却又最想吃粗茶淡饭。身为高官的楼护，"天上飞的、水里游的"哪样都吃过了，"口厌滋味"便属情理之中的事。偶然一天，他灵机一动，想出了一种十分新颖而奇特的烹饪方法——"乃试合五侯所饷之鲭而食"，即把五侯赠送给他的鱼、肉之类混合在一起烩了吃，有时还加一些饭进去。如此这般，味道居然十分鲜美。于是，"烩饭"便从此流传开来。

二、川府毛血旺

川府毛血旺如图 2.2 所示。

烹调方法： 烩。

菜品味型： 咸鲜麻辣。

食材原料：

主料：白鸭的鸭血（500 克），黄豆芽 150 克。

配料：豆皮 200 克，黄鳝肉 100 克，水发毛肚 100 克，猪五花肉 100 克，火腿肠 150 克，黄花菜 50 克，蘑菇 200 克，豆腐 200 克，莴笋 100 克，香菜 30 克，大葱 50 克，姜 20 克，蒜 30 克。

图 2.2 川府毛血旺

调料：盐 3 克，生抽 20 克，火锅底料 40 克，豆瓣酱 10 克，干辣椒 15 克，花椒 5 克，料酒 10 克，味精 10 克，色拉油 150 克，熟白芝麻 10 克。

工艺流程：

初加工→刀工处理→烹调→出锅装盘。

制作过程：

1．初加工

（1）将大葱、姜、蒜、香菜择洗干净，将干辣椒剪成小段。

（2）将黄豆芽、黄花菜、蘑菇、莴笋等清洗干净。

2．切配

将姜切末，蒜切片，葱切段，香菜切粒，鸭血、豆腐切厚片，毛肚切片，在火腿肠顶端切十字，将猪五花肉切片，用手把蘑菇撕成片，将莴笋切片，将黄鳝肉切段。

3．烹调

（1）在锅内放入色拉油烧至约 4 成热，下入葱、姜炒香，再下入豆瓣酱、火锅底料炒出红油。喜欢重口味的可以放干辣椒段、花椒一起炒。

（2）在锅内加适量水，烧开后捞出调料渣，加入生抽、料酒、味精、盐调味，先将作为底菜的蘑菇、豆皮、黄豆芽煮熟并捞出备用。

（3）将菜煮熟之后先放入大碗中，再煮豆腐、鸭血，之后煮毛肚、火腿肠及其他食材。

（4）另起锅倒油（油多一些），先放入辣椒段、花椒炒香，再放蒜末炒香，最后倒在煮好的菜上，撒上熟芝麻、葱花、香菜即可。

成品特点：

汤汁红亮，麻辣鲜嫩，开胃下饭。

操作关键：

（1）炒制干花椒、辣椒段时，油要多放一些，注意掌握油温，避免炸煳或由于油温过低而味道不足。

（2）注意煮制时间，避免原料过老影响口感。

相关菜品：

用此菜的烹调方法还可以制作鸭血粉丝汤、水煮鱼等菜品。

思考与练习：

（1）炸花椒、辣椒段时，需要注意什么问题？

（2）如何通过掌握煮制时间保持原料的口感？

[趣味阅读]

毛血旺的由来

毛血旺最初起源于中国西南的重庆。20 世纪 40 年代，沙坪坝磁器口古镇水码头有一王姓屠夫，他每天把卖肉剩下的杂碎低价处理。王屠夫的媳妇张氏觉得可惜，于是当街摆起卖杂碎汤的小摊，在猪头肉、猪骨中加入老姜、花椒、料酒并用小火煨制，先加入豌豆熬成汤，再加入毛肚、百叶、猪肺叶、肥肠，味道特别好。

一个偶然的机会，张氏在杂碎汤里放入鲜生猪血旺，发现越煮越嫩，味道还很鲜美。因为这道菜将生血旺现烫现吃，遂取名为"毛血旺"。"毛"是重庆方言，就是粗犷、马虎的意思。

锅仔素烩

三、锅仔素烩

锅仔素烩如图 2.3 所示。

烹调方法： 烩。

菜品味型： 咸鲜香。

食材原料：

主料：笋尖 100 克，金针菇 80 克，木耳 50 克，菠菜 70 克，粉条 200 克，鸡蛋 2 个。

配料：葱 4 克，大蒜 4 克，姜 4 克。

调料：盐 3 克，味精 3 克，鸡粉 3 克，胡椒粉 2 克，高汤适量。

工艺流程：

初加工→刀工处理→烹调→出锅装盘。

制作过程：

1．初加工

（1）把葱、姜、蒜去皮，洗净备用。

（2）把粉条泡发斩断，菠菜、金针菇洗净备用。

图 2.3　锅仔素烩

2．切配

（1）将葱、姜、蒜切末。

（2）将菠菜切两段，笋尖切丝。

（3）把蛋打散，用锅煎制成稍厚一点的鸡蛋皮，并改刀切成菱形块。

3．烹调

（1）把金针菇、笋丝、木耳、菠菜、粉条放在开水里烫一下待用。

（2）放入葱、大蒜、姜爆锅，加入适量高汤，将烫制好的金针菇等原料及鸡蛋皮下锅烧透，加入盐、味精、鸡粉、胡椒粉调味即可出锅。

成品特点：

健康，营养丰富。

操作关键：

（1）制作此菜时一定要加入高汤。

（2）鸡蛋皮要煎得稍嫩一些。

相关菜品：

用此菜的烹调方法还可以制作酸辣烩里脊、肉丝烩鱿鱼等菜品。

思考与练习：

为什么鸡蛋皮要煎得嫩一些？

[趣味阅读]

博山烩菜简介

博山烩菜（图2.4）是一道汤菜。这道汤菜很讲究。鱼肚、精肉丸、豆腐干、油炸咸肉、木耳等蔚然一锅，汤的味道介于浑厚与清鲜之间，内有令人垂涎三尺的醇味。

吃博山烩菜的方法有两种：一种是用勺舀至小碗里，吃菜喝汤，皆在一小小乾坤之中；另一种是先从大钵子里挑肉吃，吃些实在的内容，辅之以喝汤，甚至是应当喝得大汗淋漓。

图 2.4　博山烩菜

博山烩菜的正宗，根本就是将上一餐所有的剩菜搁在一个锅里煮，"一锅煮天下，一勺定乾坤"，这便是民间美食的意趣。因一道杂菜汤而成名，并作为一道名菜源远流长，确实耐人寻味。此时的博山烩菜已是一种集体意识的体现，将高雅与低俗烩于一锅，融合出混沌意味十足的汤境。博山烩菜的意义是在审味之外也有着一种普世真理，便是无论多么高贵或多么卑微，在汤的世界里，皆有其发散个体特性的机宜。所以言汤，不必独尊燕窝鱼翅者，以博山之法烩之，是为大同世界也。

🎩 四、风味烩茄盒

风味烩茄盒如图2.5所示。

烹调方法：烩。

菜品味型：咸鲜酸辣。

食材原料：

主料：茄子500克，五花肉200克。

配料：面粉200克，淀粉30克，泡打粉3克，大葱50克，姜20克，蒜30克，香菜5克，鸡蛋1个。

图 2.5　风味烩茄盒

调料：生抽5克，盐3克，味精3克，鸡粉3克，陈醋5克，胡椒粉3克，香油3克，老汤适量。

工艺流程：

初加工→刀工处理→制糊→烹调→出锅装盘。

制作过程：

1．初加工

把葱、姜、蒜去皮、香菜洗净备用。

2．切配

（1）将大葱、姜、蒜切末，茄子切成夹刀片。

（2）将五花肉剁成馅，加生抽、鸡粉、盐、味精调味备用。

3．制糊

将面粉、淀粉、泡打粉、鸡蛋，加水混合，搅拌均匀调成糊。

4．烹调

（1）把茄子中间逐个加入肉馅夹起来。

（2）将锅内的油烧至 7 成热，将茄盒逐个裹糊入油锅中炸至金黄色捞出，待油温升高后，再将茄盒复炸。

（3）锅内留油，加葱、姜、蒜爆香，先加入老汤、鸡粉、盐、味精、胡椒粉、陈醋调味，再放入炸好的茄子烩制入味，最后淋入香油装盘，撒上香菜。

成品特点：

茄盒软嫩香醇、口味咸鲜、酸辣适口。

操作关键：

（1）炸制茄盒时，一定要将糊均匀地挂在茄子外面，否则炸好后没有糊的地方容易变黑。

（2）烩制时要掌握汤量和火候。

相关菜品：

用此菜的烹调方法还可以制作烩松肉、烩里脊等菜品。

思考与练习：

（1）炸制茄盒时油温应控制在多少摄氏度？

（2）为什么要将茄盒均匀地裹上面糊？

（3）炸制茄盒时，为什么还要复炸？

[趣味阅读]

烩菜的营养价值

1．膳食纤维

烩菜中含有人体正常代谢必需的多种营养成分，特别是膳食纤维的含量比较高，这种物质既能促进肠胃蠕动，又能加快人体内大便的生成和排出速度。

2. 维生素

烩菜中不仅含有大量维生素 C，还含有 B 族维生素，而它们被人体吸收以后，可以增强各器官的活力，还能延缓衰老。

单元 2　煮

[情境导入]

煮法历史悠久，它是和陶器同时出现的，先秦时期的羹、汤大都使用此法制作。属于周代"八珍"之一的"炮豚"的最后一道工序就是以清水作为传热介质，在鼎中煮制而成。两宋时，煮法有所发展，据《山家清供》记载，除了水煮法以外，还有先以水煮至半熟，再用好酒煮制成菜肴的酒煮法。《调鼎集》中便有对于白煮法的记载，如白煮羊肉。而现在的白煮，一般选用生料或初步熟处理的半成品。

煮法既可用于制作菜肴，也可用于制取鲜汤，还可用于面点的熟制，是应用得最广泛的烹调方法之一。在以水为介质导热技法中，煮法是用途最广泛的技法。

[相关知识]

"煮"是指将原料或经过初步熟处理的半成品切配后放入多量的汤汁中，先用大火烧沸，再用中火或小火烧熟并调味成菜的烹调方法，分为白煮、汤煮和卤煮。

（1）白煮，又称水煮、清煮，是把主料或半成品直接放入清水中煮熟的方法。煮时一般不加调味料，个别加入绍酒、葱、姜等以除腥膻异味。食用时把主料捞出，经过刀工成形后装盘，或将调味汁浇在上面，或随带调味汁上桌蘸食。

（2）汤煮，是把原料放入鸡汤、肉汤、白汤或清汤等煮制的方法。成菜汤宽汁醇或汤汁清鲜，通常与主料一起食用。

（3）卤煮，是以卤汁（有连续使用的老卤）或豆豉等为调味料，把主料放在卤汁中煮熟的方法，适用于制作冷食。

操作要领：

（1）无论是经过焯水，还是直接入锅水煮，都应在水煮前将原料清洗干净。

（2）掌握好水量，通常控制在刚好淹没原料为宜。为避免因受热不均匀而影响原料的水煮质量，应一次加足水。

（3）为保持原料的鲜香和滋润度，应控制好火力的大小，保持汤面微沸不腾即可。

（4）根据原料老嫩，掌握好成熟程度。同一原料也有老嫩之分，水煮的时间因老嫩程度的不同而不同。

（5）将鸡、鸭、兔、猪肉、猪肚等原料捞出后，还可以用原汤浸泡一下，以保持原料的皮面滋润、有光泽。

成菜特点：汤宽汁浓、汤菜合一、口味香鲜。

适用范围：适用于鱼、猪肉、豆制品、蔬菜等。根据不同的食材和烹饪需求，可以选择不同的煮制时间，以达到最佳的烹饪效果。

总之，随着人们对健康饮食需求的增加，大家开始注重健康，通常选择使用天然、有机食材，并采用低油、低盐、低糖的烹调方法制作，以保持其营养价值。"煮"制菜品（尤其是水煮菜）被越来越多的养生人士推崇。

[菜例]

酸菜鱼

🧑‍🍳 一、酸菜鱼

酸菜鱼如图 2.6 所示。

烹调方法：煮。

菜品味型：酸辣。

食材原料：

主料：黑鱼肉 500 克，老坛酸菜 500 克。

配料：花椒 20 克，干红辣椒 15 克，大葱 10 克，姜 15 克，大蒜 10 克，小米椒 10 克，香菜 5 克，鸡蛋 1 个，熟白芝麻 3 克。

图 2.6　酸菜鱼

调料：生抽 5 克，盐 5 克，味精 5 克，鸡粉 5 克，白醋 20 克，胡椒粉 10 克，香油 4 克，淀粉 15 克，料酒 10 克，清汤适量。

工艺流程：

初加工→刀工处理→上浆→烹调→出锅装盘。

制作过程：

1．初加工

（1）把葱、姜、蒜去皮洗净，小米椒去蒂洗净，香菜洗净备用。

（2）将黑鱼处理干净；取肉备用。

2．切配

（1）将葱切粒，姜切片，蒜切末，香菜切粒，干红辣椒切段。

（2）将鱼肉带皮斜刀切成约 0.3 厘米厚的片，酸菜斜切成片。

3．上浆

把鱼肉用盐、味精、料酒、葱姜水腌透，加入鸡蛋清、淀粉抓拌均匀。

4．烹调

（1）在锅内加水烧开，将酸菜烫一下捞出备用。

（2）在锅内留油烧热加葱、姜爆出香味，加入酸菜略炒，加入清汤烧开，再加入生抽、盐、味精、鸡粉、白醋、胡椒粉调味后，捞出盛入汤碗内。

（3）将鱼片下入汤内，待开锅后倒入汤碗内，在上面撒蒜末、小米椒。

（4）在锅内留油烧热，加入花椒、干红辣椒炸出香味，将辣椒油浇在鱼上，撒入香菜粒、熟白芝麻，淋上香油即可。

成品特点：

鱼肉滑嫩、酸辣适口。

操作关键：

（1）鱼片上浆前要用清水清洗。

（2）鱼片要厚薄均匀。

（3）注意，不要将花椒、干辣椒炸糊。

相关菜品：

用此菜的烹调方法还可以制作水煮肉片、水煮牛肉等菜品。

思考与练习：

（1）对鱼片的刀工及上浆有什么要求？

（2）炸制花椒、干辣椒时，应将油温控制在多少摄氏度？

[趣味阅读]

上浆的小窍门

➢ 什么是上浆？

上浆，就是将调味品（如盐、料酒、葱、姜汁等）和淀粉、鸡蛋清等直接加入肉类原料中搅拌均匀，加热后使原料表面形成浆膜的一种烹调辅助手段。上浆是炒、滑熘、软熘等烹调方法中的常用技法，适合质嫩、型小、易成熟的原料。

➤上浆注意的问题

1．上浆时间

上浆是利用渗透原理进行的。渗透是一种物理现象，其过程一般都很缓慢，因此，通常在为原料加热前 15 分钟左右上浆。

2．上浆动作

菜肴中凡是需要上浆的原料均为细小质嫩的原料，而上浆的手法是用手来抓捏。因此，动作一定要轻，要防止抓碎原料，尤其对于鱼丝、鸡丝。上浆时，一开始要慢，当浆已均匀分布于原料各部分时，动作稍快一些。

3．淀粉的用量

上浆时，为原料补水固然很重要，但淀粉的用量也是一个不可忽视的问题。如果淀粉的用量太少，就很难在原料周围形成完整的、可能阻止水分等物质排出的浆膜；如果淀粉的用量太多，又容易引起原料的粘连。

二、水煮肉片

水煮肉片如图 2.7 所示。

烹调方法：煮。

菜品味型：咸鲜麻辣。

食材原料：

主料：猪瘦肉 300 克。

配料：黄豆芽 100 克，香菜 3 克，葱、姜、蒜各 3 克。

调料：色拉油 15 克，白糖 2 克，盐 3 克，味精 2 克，花椒 3 克，干红椒 4 克，胡椒粉 2 克，生抽 5 克，老抽 5 克，郫县豆瓣酱 10 克，料酒 5 克，鸡蛋液 20 克，淀粉 5 克，香油 3 克，清汤适量。

水煮肉片

工艺流程：

初加工→刀工处理→腌制→烹调→浸油上桌。

制作过程：

1．初加工

（1）将黄豆芽洗净，香菜去根、去大叶洗净。

（2）将葱、姜、蒜去皮洗净。

2．切配

（1）将猪肉切成约 0.3 厘米厚的片。

图 2.7　水煮肉片

（2）将葱、姜切粒，蒜切末，干红椒切段，香菜切段。

3．腌制

用少许盐、味精、老抽、料酒、淀粉将猪肉片腌约 10 分钟。

4．烹调

（1）在锅内加入色拉油，烧热，放入姜、蒜、郫县豆瓣酱爆香，加入黄豆芽略炒，再加入生抽、清汤烧沸，待豆芽熟透后捞出盛入汤碗垫底。

（2）将肉片逐片下入锅中至肉片熟后，放入白糖、盐、味精、胡椒粉调味，盛入碗内。

（3）在锅内倒入色拉油放入花椒、干红辣椒段炸香，浇在煮好的肉片上，撒上葱粒、香菜，淋上香油即可。

成品特点：

色泽红亮，麻辣鲜香。

操作关键：

（1）肉片的大小和厚薄要均匀。

（2）黄豆芽要煮熟，否则会有豆腥味。

（3）要控制浸油的速度，避免由于将花椒、干辣椒炸煳而影响菜品的色泽。

相关菜品：

用此菜的烹调方法还可以制作酸菜鱼、水煮豆腐、毛血旺等菜品。

思考与练习：

（1）简述制作水煮肉片的工艺流程。

（2）为什么炸制干辣椒、干花椒时的动作要快?

[趣味阅读]

水煮鱼的由来

水煮鱼（图 2.8）是重庆民间的一道名菜，相传此菜起源于明末清初重庆某张姓大户人家。张家历来有女子出嫁招待亲朋的习惯，但张员外家女儿从小娇生惯养，根本不懂得下厨之事，无奈便将鱼肉切片后煮熟，又将当地的花椒、辣椒、香料加入熟油中，待炒出香辣味后倒在鱼肉上并盛入盆中。端上桌后，锅中依旧沸腾着，满屋飘香，宾客们脱口而出"沸腾鱼香"，自此便成了一道名菜且风靡一时，引得当地新出嫁的姑娘纷纷效仿。

图 2.8　水煮鱼

1983 年，一位川菜厨师凭这道菜获得了某项大赛的大奖，使其发扬光大。此菜既保留了鱼片的鲜嫩，又有入口即化、麻而不苦、辣而不燥的口感。

三、酸汤小肥羊

酸汤小肥羊

酸汤小肥羊如图 2.9 所示。

烹调方法：煮。

菜品味型：滑嫩、酸辣。

食材原料：

主料：肥羊肉 500 克。

配料：美人椒 5 克，芹菜 20 克，金针菇 50 克，葱 10 克，姜 5 克，蒜 5 克，鸡蛋 1 个，淀粉 10 克。

图 2.9　酸汤小肥羊

调料：黄椒酱 50 克，盐 1 克，味精 1 克，白醋 10 克，鸡汁 5 克，清汤适量。

工艺流程：

初加工→刀工处理→上浆→烹调→出锅装盘。

制作过程：

1．初加工

将葱、姜、蒜去皮洗净，美人椒、芹菜洗净，金针菇去根洗净。

2．切配

（1）将葱、姜、蒜切末。

（2）将羊肉切成长约 5 厘米、宽约 3 厘米、厚约 0.2 厘米的片，美人椒切成约 1 厘米的长段，芹菜切成约 3 厘米的长段。

3．上浆

把羊肉用盐、味精、鸡蛋清、淀粉抓拌上浆备用。

4．烹调

（1）把切好的芹菜、金针菇焯水，垫于盘底。

（2）在锅内放入油，加葱、姜、蒜、美人椒段、黄椒酱煸香出味，再加清汤，烧开后，均匀下入羊肉滑至熟透，加入盐、味精、鸡汁调味，在出锅前淋入白醋。

成品特点：

口味咸鲜，肉质滑嫩，酸辣适口。

操作关键：

（1）羊肉上浆要均匀，滑时不要太老。

（2）黄椒酱一定要在煸出香味后再加入清汤。

（3）白醋一定要在出锅前加入。

相关菜品：

用此菜的烹调方法还可以制作酸菜鱼、酸辣海参等菜品。

思考与练习：

（1）给羊肉上浆时，为什么要加入适量的水？

（2）为什么要在出锅前加入白醋？

[趣味阅读]

水煮菜的鼻祖——水煮牛肉

古时，四川自贡地区为井盐产地，除了使用众多的劳工外，还会用到大量的水牛。由于一些水牛因劳累消瘦或年龄过大就会逐渐被淘汰，劳工们便将牛肉用清水简单煮熟后蘸辣椒、花椒、酱油、盐等食用，并起名为渗汤牛肉。因为用该方法制作的牛肉味美，遂逐渐受到人们的推崇。

20世纪30年代，自贡名厨范吉安大师将渗汤牛肉改良，将牛肉上浆入味，又将蘸料中的调味料与牛肉同煮，后淋上热油。这样制成出来的牛肉更为滑嫩，且辣烫鲜香，色泽明亮，口感更好，因只用了水煮一法，便起名为水煮牛肉（图2.10）。此菜一出，便大受欢迎，自贡乃至全蜀各餐馆纷纷效仿，最终成为自贡地方风味浓郁的一道菜品。

图 2.10　水煮牛肉

四、奶汤娃娃菜

奶汤娃娃菜如图2.11所示。

烹调方法：煮。

菜品味型：咸鲜。

食材原料：

主料：娃娃菜400克。

配料：奶汤适量，冬笋25克，水发冬菇25克，熟火腿25克，葱15克，姜10克。

图 2.11　奶汤娃娃菜

调料：精盐5克，味精2克，料酒5克，花椒2克，鸡汁5克，熟猪油50克。

工艺流程：

初加工→刀工处理→氽制→调制汤汁→煮制→出锅成菜。

制作过程：

1．初加工

将葱、姜去皮洗净备用。

2．切配

（1）将葱切段、姜切片。

（2）将娃娃菜切成长约 5 厘米的段；用刀拍一下菜帮，将刀倾斜，把菜切成长约 4.5 厘米、宽约 3 厘米的厚片；冬笋、熟火腿均切成长约 5 厘米、宽约 2 厘米的厚片；冬笋切斜刀片。

3．烹调

（1）将娃娃菜、冬笋、冬菇分别用沸水氽过回凉待用。

（2）将炒锅放在中火上，倒入熟猪油，待油温为 5 成热时放入葱段、姜片、花椒，炸出香味，然后放入奶汤烧开，捞出葱、姜、花椒，随即加入娃娃菜、冬笋、冬菇，煮制约 3 分钟，再撒入火腿片，加入精盐、味精、料酒、鸡汁调味，最后捞出并盛入汤碗内。

成品特点：

汤汁洁白，味道香醇，白菜鲜嫩，清爽不腻。

操作关键：

（1）给原料改刀时要保持其形大小一致。

（2）加工原料前要先焯水。

（3）原料的制时间不可太长，以 3 分钟为宜。

相关菜品：

用此菜的烹调方法还可以制作海虾煮白菜、上汤黄鱼等菜品。

思考与练习：

（1）奶汤是如何制作的？

（2）奶汤娃娃菜的特点是什么？

（3）用娃娃菜还可以制作出哪些菜品？

如何熬煮一锅奶白鲜美的汤?

不管是熬煮鱼汤、骨头汤或者其他肉汤,只要牢记 3 个要点,就能使汤汁奶白,味道鲜美。

(1)把食材用热油煎一下,这样在熬汤的过程中,汤汁的颜色就会特别白。

(2)冲汤的时候要使用开水,这样汤汁才会更鲜美。

(3)熬汤的时候要用小火,这样才能使汤汁更有营养。

单元 3 煨

[情境导入]

"煨,盆中火也",是《说文》中对煨的早期解释,后来被引申为用文火烧熟或加热。早期的煨是用木本植物燃烧的余火或者直接利用草本、木本植物燃烧的灰烬余温对烹饪原料进行加热处理,通常是将原料埋入灰烬中进行长时间加热,使原料成熟的工艺方法。发展到现代,煨成为中小火长时间加热的代表烹调方法之一,不仅注重原料的酥烂脱骨,还注重汤汁的鲜美浓稠。在经历了由固态传热介质向液态传热介质的转变,以及由简单食用到汤菜并重、注重用汤的漫长历史进程后,煨制工艺见证了中式烹调的发展,更见证了人类文明的进步。

[相关知识]

"煨"是指经炸或煸、炒、焯水等初步熟处理的原料,加入汤汁、用大火烧沸,撇去浮沫,放入调味品加盖,用微火长时间加热成熟成菜的烹调方法,分为红煨和白煨。

(1)红煨:原料加酱油等有色调味料煨制成熟的技法,汤汁呈棕红色。

(2)白煨:原料不加有色调味料煨制成熟的技法,成菜仍保持原料本色,汤汁白浓。

操作要领:

(1)煨菜大多使用动物性原料,其形状均较大。

(2)调味时原则上不放深色的调料,若有特殊要求,则另当别论。

(3)煨菜是"功夫菜",主要体现在火候上。煨制工艺讲究用大火烧开,用中小火长时间加热成菜。煨不怕时间长，就怕火力大，所以要求大家一定以小火、微火或灶膛里的余火来进行长时间加热，使其达到味透肌理、质地软糯的口感。

（4）煨动物性原料时大多不勾芡，而煨植物性原料可适当少勾芡。

成菜特点：形态完整、味醇汁浓、熟软酥香。

适用范围：适合煨制的原料以鸡肉、鸭肉、鹅肉、猪肉、牛肉、鳖、龟等为主。

总之，从营养和保健的角度来看，煨制工艺更科学、成菜更有食用价值，煨类菜肴注重汤水比例，强调汤菜并重，亦菜亦汤；以广东煲汤为代表的煨制工艺更是以汤为主，注重喝汤养生。随着人类对饮食保健的重视，汤、羹、粥三大饮食保健佳品也逐渐被广泛接受，煨汤工艺将受到热捧和推广。大家要深入研究煨制工艺，借鉴和参考中式其他制汤方法，学习和引入西式烹饪制汤的理念和方法，增加原料的品种，挖掘并研制出更多的煨制菜品。

[菜例]

一、番茄海参

番茄海参

番茄海参如图 2.12 所示。

烹调方法：煨。

菜品味型：咸鲜微酸。

食材原料：

主料：活海参 50 克。

配料：黄圣女果 500 克，干葱头 15 克，香葱 10 克。

调料：盐 2 克，味精 0.5 克，鸡汁 10 克，白糖 5 克，黄油 15 克，生粉 15 克，老汤适量。

图 2.12　番茄海参

工艺流程：

初加工→刀工处理→调制汤汁→煨制→出锅成菜。

制作过程：

1. 初加工

将活海参摘去内脏、去泥沙，黄圣女果洗净备用。

2. 切配

（1）将黄圣女果去蒂，用开水烫一下去皮，留一半备用，将另一半用料理机绞成汁，干葱头切末。

（2）将海参发制备用。

3．烹调

（1）将海参用老汤煨透。

（2）在锅内加入黄油，再放入干葱头末炒出香味，加入老汤、番茄汁、整颗的黄圣女果并烧开，再加入味精、鸡汁、盐、白糖调味，然后用生粉提芡，再把调好味的汤汁盛在炖盅内，放入煨入味的海参，撒上香葱末即可。

成品特点：

色泽金黄，汁浓味足，醇香适口。

操作关键：

（1）调汁时不要太浓或太稀，否则会影响汤汁的质量。

（2）注意发制海参的盛器、时间和火候。

相关菜品：

用此菜的烹调方法还可以制作西红柿煨牛腩、鲍汁煨辽参等菜品。

思考与练习

（1）老汤是如何制作的？

（2）发制海参时要注意哪些环节？

[趣味阅读]

如何挑选海参

海参不仅是一种海洋生物，还是久负盛名的食补佳品，属于"海八珍"之一。海参肉质软嫩，营养丰富，是典型的高蛋白、低脂肪食材。挑选海参时需要注意以下几个方面。

1．观察海参的颜色

优质的海参颜色是棕黄色或黑色的，表面无光亮。如果海参色泽发白或者光亮度很高，可能是添加了防腐剂，消费者应当谨慎选择。

2．注意海参的干燥程度

一定要保持海参干燥，否则容易变质。有些品质较差的海参由于干燥不足而手感沉重，甚至有些潮湿。

3．观察海参的刺

刺粗壮且挺拔者为好参，只有 4 年以上的海参刺才会长得粗壮，营养也更加丰富。如果刺细弱，说明海参的品质不太好。

4．注意海参的形体

海参的形体要完整，好的野生海参中间粗壮、两头细，而养殖参整体纤细。如果形体异常，则说明可能是经过过度处理或者添加了其他物质。

5．观察海参的底足

野生海参的底足清晰可见，因为海参需要自己觅食，且生长的海域水流急，需要不断爬行，所以底足长得很粗壮。如果海参的底足不明显，说明可能是养殖的，品质较差。

6．闻海参的气味

淡干海参主要的处理方法是加盐脱水，不添加其他成分，所以它的气味闻起来是清新、自然的。如果闻到其他味道，说明海参可能不太干净或者添加了其他成分。

7．询问海参的情况

购买海参的时候还要询问一下产地，因为海参可分为辽参、鲁参、南方参，而辽参、鲁参又统称为北方参。北方参的品质最佳最好。

二、鲍汁白玉萝卜

鲍汁白玉萝卜如图 2.13 所示。

鲍汁白玉萝卜

烹调方法：煨。

菜品味型：咸鲜。

食材原料：

主料：象牙白萝卜 1 根（约 1 000 克）。

配料：奶油菜 6 颗。

调料：鲍鱼露 10 克，生抽 15 克，老抽 3 克，盐 3 克，味精 5 克，白糖 5 克，鸡油 5 克，自制鲍鱼汁适量。

图 2.13　鲍汁白玉萝卜

工艺流程：

初加工→刀工处理→调制汤汁→煨制→出锅成菜。

制作过程：

1．初加工

（1）将油菜除去老叶洗净备用。

（2）将萝卜去皮洗净备用。

2．切配

（1）将油菜用小刀把根部刻成小鸟头的形状，再用花椒粒按在根部，然后焯水备用。

（2）将萝卜用刀切成直径约 6.5 厘米、长约 18 厘米的圆柱体，用清水浸泡 1 小时。

3．烹调

（1）鲍汁制作：老母鸡 10 只，肘子 2 个，猪蹄 6 个，金华火腿 1 500 克，鸡爪 2 000 克，猪精肉 2 500 克，干贝 260 克，所有原料油炸后放入桶内加 100 千克水，大火烧开，改用小火熬制 10 小时左右，再加入鲍鱼露、生抽制成鲍汁。

（2）将浸泡好的萝卜放入鲍汁中煨 4 小时左右，取出放入盘中，再用油菜点缀。

（3）取鲍汁加少许老抽、味精、盐、白糖，淋入鸡油提芡，浇在萝卜上即可。

成品特点：

口味香浓，入口软烂。

操作关键：

（1）一定要用清水把萝卜的苦味泡去。

（2）煨制萝卜时要注意时间以免影响口感。

相关菜品：

用此菜的烹调方法还可以制作鲍汁煨辽参、鲍汁扣鹅掌等菜品。

思考与练习：

（1）鲍汁是如何制作的？

（2）煨制萝卜时要注意哪些关键点？

[趣味阅读]

萝卜的功效与作用

萝卜，十字花科草本植物莱菔的根，呈细长圆筒形，皮翠绿色，尾端玉白色。萝卜的上部甘甜少辣味，尾部辣味渐增，皮薄、肉多、清脆、水分充足，营养价值较高，具有清热化痰、消食通便、调节血压、补充维生素等功效。

1．清热化痰

萝卜性寒，味辛、甘，可消积滞、化痰清热、下气宽中、解毒。

2．消食通便

萝卜中的芥子油和粗纤维可加快胃肠的蠕动速度，促进消化，有助于排便。

3．调节血压

萝卜可软化血管、稳定血压，预防冠心病、动脉硬化等疾病。

4．补充维生素

萝卜中含有丰富的维生素 C、B 族维生素及各种矿物质、微量元素（如钙、磷、铁等），可以改善贫血、干眼症和皮肤角质化过度等症状。

三、番茄煨牛腩

番茄煨牛腩

番茄煨牛腩如图 2.14 所示。

烹调方法：煨。

菜品味型：咸鲜。

食材原料：

主料：牛腩 500 克。

配料：西红柿 500 克，葱、姜、蒜各 6 克。

调料：色拉油 30 克，精盐 2 克，味精 2 克，料酒 5 克，白糖 3 克，生抽 5 克，番茄酱 5 克，花椒 3 克，大茴 3 克。

图 2.14　番茄煨牛腩

工艺流程：

初加工→刀工处理→烹调→成菜装盘。

制作过程：

1．初加工

将牛腩洗净，西红柿用开水烫一下去皮，葱、姜、蒜去皮洗净。

2．切配

将牛腩切成约 3 厘米见方的块，葱切成 3 厘米的段，姜切片，蒜瓣用刀拍一下，西红柿切成滚刀块。

3．烹调

（1）在锅内加水烧开，将牛腩放入焯出血水洗净备用。

（2）在锅内加入色拉油，放入大茴、花椒、葱、姜、蒜爆出香味，再加入牛腩煸炒，烹入料酒，加足开水并用大火烧开后，改小火煨煮约 1 小时，再加入盐、生抽煨煮至牛腩熟透，汤汁浓稠（根据牛腩的老嫩程度可适当调整煨煮时间）。

（3）锅内加入色拉油烧热，将番茄酱、西红柿略炒后，加入白糖和牛腩，煨至软烂，再加入味精调味，出锅装盘即可。

成品特点：

牛肉咸鲜、香嫩，番茄味香浓。

操作关键：

（1）煨煮牛腩时一定要加开水，以免影响牛腩的肉质。

（2）加水量要根据牛腩的老嫩程度掌握，并适当调整煨煮时间。

相关菜品：

用此菜的烹调方法还可以制作鲍汁煨鹅掌、火腿蹄髈煨老鸡等菜品。

思考与练习

（1）如何判断牛腩是否煨透了？

（2）煨煮牛腩时为什么要加开水？

（3）可否用高压锅煨煮牛腩？

[趣味阅读]

蔬菜的吃法

一直以来，人们认为生吃蔬菜有益健康，原因是这样不会让营养物质损失，还能更好地保持其中的有益成分和活性物质（图2.15）。然而，熟吃是否就不可取呢？研究表明，蔬菜和水果，稍微烹制一下，对人体更有益处。蔬菜中的钾、钙、镁等矿物质，以及B族维生素、维生素K和类胡

图 2.15 蔬菜

萝卜素在烹调过程中的损失率很低，膳食纤维也不会损失。烹调可以提高绿叶蔬菜和橙黄色蔬菜中维生素K及类胡萝卜素的吸收率。这些脂溶性营养成分都不溶于水，只溶于油脂。蔬菜的细胞壁会在烹调过程中分解、软化，生物膜透性增大，促进细胞中的胡萝卜素、番茄红素等营养成分溶出，可有效提高吸收率，即使不用油炒，仅用含有油脂的水煮熟，或者在焯烫后加入油脂拌食，也可达到这种效果。吃蔬菜比较理想的方式是：颜色深的蔬菜大部分宜熟食，颜色浅而质地脆嫩的蔬菜可生吃。但要注意蔬菜烹调的温度不要过高，还要清淡、少油。

四、浓汤蟹黄鱼肚

浓汤蟹黄鱼肚如图2.16所示。

烹调方法：煨。

菜品味型：咸鲜。

食材原料：

主料：水发鱼肚500克，蟹黄20克。

配料：菜心150克，大葱30克，姜20克。

图 2.16 浓汤蟹黄鱼肚

调料：鸡汁 5 克，盐 3 克，味精 3 克，高汤适量。

工艺流程：

初加工→原料发制→刀工处理→调制汤汁→煨制→出锅成菜。

制作过程：

1．初加工

（1）将菜心择洗干净，姜切片，葱切段。

（2）将干鱼肚洗净用温油泡软，用油涨发至透，再滤净油。

2．切配

（1）将菜心头部刻出十字花刀，尾部去除大叶，焯水备用。

（2）把发好的鱼肚切成约 6 厘米长、3 厘米宽的片。

3．烹调

（1）将发好的鱼肚加高汤、葱、姜、鸡汁、盐、味精，用小火煨透入味。

（2）把煨好的鱼肚再加入蟹黄煨至入味，提少许芡，明油出勺，放在焯好水的菜心上即可。

成品特点：

蟹香味美，浓香味正，鱼肚软糯可口。

操作关键：

（1）鱼肚一定要涨发透，煨至软糯入味。

（2）涨发鱼肚时要控制好油温，以 3 ～ 4 成热为宜，用文火浸炸。

（3）成品汤汁稍宽，但不要溢到盘外。

相关菜品：

用此菜的烹调方法还可以制作黑椒煨牛尾、煨羊肉等菜品。

思考与练习：

（1）涨发鱼肚时要注意什么问题？

（2）浓汤蟹黄鱼肚的成菜特点是什么？

[趣味阅读]

鱼肚的营养价值

鱼肚（图 2.17）是一种营养丰富的食材，含有大量的蛋白质、维生素和矿物质。鱼肚的主要营养成分有以下 4 种。

（1）蛋白质：鱼肚中富含高质量的蛋白质，可以提供身体所需的氨基酸。

（2）维生素 D：鱼肚中富含维生素 D，其有助于促进人体对钙的吸收，维持骨骼健康。

（3）矿物质：鱼肚富含多种矿物质，如钾、镁、铁和锌等，对于保持身体健康至关重要。

（4）Omega-3 脂肪酸：鱼肚中富含 Omega-3 脂肪酸，能够调节血脂并降低心血管疾病的发生率。

图 2.17　鱼肚

总之，鱼肚的营养价值很高，可以作为健康饮食的一部分。

单元 4　炖

［情境导入］

"炖"是由煮演变而来的，它对成菜的汤汁、形态有较高的要求。炖制菜肴在清代时始见于文字记载。《食宪鸿秘》中记载了炖豆豉、炖鸡、炖鲟鱼、蟹炖蛋等；《调鼎集》中出现了多种炖法，有酒炖、白糟炖、红炖、干炖、葱炖等。

"炖"的汤温要一直保持在 90 ℃以上，由于汤接近微沸，对原料组织结构的变形破坏作用较小，使原料内的脂肪由于乳化而呈油滴逸出悬浮于汤面。因为变性沉淀蛋白较小，很少有微粒从组织上脱落，汤质清鲜、醇厚，肉质酥软。

［相关知识］

"炖"是指经过加工处理的大块或整形原料，放入炖锅或其他陶瓷器皿中掺足热水（或热汤），用小火加热至熟软酥糯的烹调方法。原料成菜后多为汤菜，且不勾芡。

分类：炖分为不隔水炖和隔水炖两种。

（1）不隔水炖，是将洗净的原料焯水后，放入砂锅或其他器皿中，加水及葱、姜、料酒等，用大火烧沸，使原料酥软成熟，再经调味加热成菜。不隔水炖操作简便，是家庭常用的炖法。其成菜汤汁、香气、滋味稍逊于隔水炖法。各地传统的清炖名菜有江苏的清炖蟹粉狮子头、浙江的清汤越鸡、湖北的清炖义河蚶、河南的清汤荷花莲蓬鸡、安徽的清炖马蹄鳖、江西的清炖武山鸡等。

（2）隔水炖，是间接受热成熟的方法。将净原料焯水后放入钵、盅内，加清水、葱、姜、绍酒等，盖上盖，并用湿软纸密封，置于另一个锅中。

操作要领：

（1）以畜禽肉类等为主料，将其加工成大块或整块，不宜切小、切细，但可制成茸泥或丸子状。

（2）主料必须焯水，清除原料中的血污、浮沫和异味。

（3）炖时要一次加足水量，中途不宜加水掀盖。

（4）炖时只加清水和调料，不加盐和有色调料，待炖熟后再调味。

（5）用小火长时间密封加热 1～3 小时，使原料酥软。

成菜特点：汤多味鲜、原汁原味、形态完整、软熟酥烂。

适用范围：适合烹制无异味的韧性原料，如畜肉、禽肉等；也适合腊鱼、鳗鱼、鳖、龟等水产原料。炖时常以根、茎、菌类蔬菜作配料。

总之，"炖"是一种能使成菜、肉柔软，保持原料鲜香，汤品质量极高的烹调技艺，长期喝炖制的汤有助于补充身体营养物质，增强免疫力，调节体内的酸碱平衡。

[菜例]

当归山药
炖羊肉

一、当归山药炖羊肉

当归山药炖羊肉如图 2.18 所示。

烹调方法：炖。

菜品味型：咸鲜。

食材原料：

主料：新鲜羊肉 500 克，山药 200 克。

配料：红枣 6～7 个，当归 3 克，枸杞 3 克，姜 10 克，葱 10 克，香菜 5 克。

调料：味精 2 克，盐 5 克，胡椒粉 3 克。

图 2.18　当归山药炖羊肉

工艺流程：

初加工→刀工处理→炖制→出锅成菜。

制作过程：

1．初加工

将山药洗净泥沙、去皮，葱、姜、香菜洗净备用。

2．切配

将羊肉切块，葱切段，姜切片，香菜切末，山药切滚刀块。

3．烹调

（1）将羊肉焯水后捞出备用。

（2）锅内留油加入葱、姜爆香，下入羊肉略炒，再加入清水，用大火烧开后改用小火将羊肉炖至 8 分熟，再加入山药、红枣、当归、枸杞炖至羊肉软烂，加盐、味精、胡椒粉调味出锅，撒入香菜末即可。

成品特点：

咸鲜香嫩，羊肉软烂，有滋补功效。

操作关键：

（1）炖制时要一次性加满水。

（2）当羊肉 8 分熟后再加辅料。

相关菜品：

用此菜的烹调方法还可以制作人参天麻炖乌鸡、清炖鲫鱼等菜品。

思考与练习：

（1）为什么在炖制时要一次性加满水？

（2）大火烧开后为什么要改用小火？

[趣味阅读]

炖羊肉"三放三不放"

炖羊肉时，应遵循"三放三不放"的原则，以提升羊肉的风味和营养价值。

1."三放"

（1）老姜：能去腥、增香，激发羊肉原有香味。

（2）白芷：有去腥增香的作用。

（3）小茴香：可以很好地去除羊肉的膻味。

2."三不放"

（1）八角：会盖住羊肉自身的鲜香味，吃起来就没有羊肉味了。

（2）桂皮和丁香：由于味道过重，使用后会盖住羊肉的味道。

（3）料酒：会影响汤的鲜味，且炖汤时盖着盖子，无法挥发，会导致异味无法去除。

炖制羊肉时，可以先泡盐水再焯水，以去除血水和软化肉质。在炖制过程中，小火慢炖是关键，也可以加入白萝卜和大枣来增加菜品的营养。

二、番茄白菜炖大虾

番茄白菜炖大虾如图 2.19 所示。

烹调方法：炖。

菜品味型：咸鲜。

食材原料：

主料：8 头对虾 10 只，白菜心 500 克。

配料：西红柿 100 克，葱 10 克，姜 10 克。

调料：番茄酱 20 克，盐 3 克，白糖 10 克，鸡粉 3 克。

图 2.19　番茄白菜炖大虾

工艺流程：

初加工→刀工处理→炖制→出锅成菜。

制作过程：

1．初加工

（1）将葱、姜、西红柿、白菜洗净备用。

（2）将大虾去爪、须，从背部片开，去虾线，洗净备用。

2．切配

将白菜心切成大片，西红柿切成小块，葱切粒，姜切片。

3．烹调

在锅内放少许油，放入葱、姜爆香，加入番茄酱、西红柿、白菜心略炒，加入适量清水、大虾，炖至熟透，放入盐、鸡粉调味出锅，将大虾摆在白菜上即可。

成品特点：

咸鲜微酸，营养丰富，汤鲜味美。

操作关键：

（1）大火烧开，这样炖出来的汤会更加鲜美。

（2）把虾线剔除干净。

（3）注意掌握炖制火候。

相关菜品：

用此菜的烹调方法还可以制作白菜炖海蟹、萝卜丝炖大虾等菜品。

思考与练习

（1）炖制大虾时为什么要用大火？

（2）此菜的特点是什么？

[趣味阅读]

调味料的使用方法

调味料的使用因调味料的种类和菜式的不同，会有一些不同的技巧和建议。以下是一些常见的调味料及其使用方法。

1．盐

在烹调过程中，适量加入盐可以增强食物的味道，可以根据个人口味调整用量。同时，大家还可以尝试使用不同种类的盐，如海盐、岩盐等，以增加食物的层次感。

2．酱油

酱油是亚洲烹饪中常用的调味料之一，通常用作调味汁、蘸料等。大家在添加酱油时，应根据菜式和个人口味适量添加，可以先少量添加，品尝后再调整。

3．白糖

白糖可以平衡食物的味道，尤其在烹制过程中，当酸味或咸味过重时特别有效。大家可以在烹调过程中根据需要逐渐加入白糖，调整出适合自己口味的甜度。

4．醋

醋可以增强食物的酸味，使菜品的味道更加鲜美。大家可以在炒菜、拌凉菜或腌制食物时添加适量的醋。温热的菜肴中适量添加醋，可以增加食欲。

5．香料和调味粉

香料和调味粉包括花椒粉、孜然粉、五香粉等。大家可以根据个人口味和菜式要求适量加入。一般在烹饪的最后阶段少量添加并搅拌均匀。

三、川贝熟梨盅

川贝熟梨盅如图 2.20 所示。

烹调方法：炖。

菜品味型：咸鲜。

食材原料：

主料：川贝 10 克，雪梨 400 克。

配料：红豆 15 克，赤小豆 15 克，爬豆 15 克，腰豆 20 克，无核沾化小枣 30 克。

调料：冰糖 50 克。

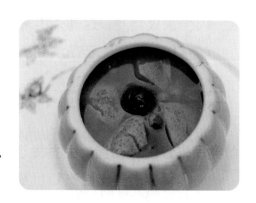

图 2.20　川贝熟梨盅

工艺流程：

初加工→刀工处理→炖制→出锅成菜。

制作过程：

1．初加工

（1）把雪梨及所有豆类洗净。

（2）把各种豆先用温水泡发备用。

2．切配

将雪梨切成滚刀块。

3．烹调

（1）将豆类加清水、川贝、冰糖上火炖2小时至烂，捞出装在盅里。

（2）将无核小枣、雪梨切块放入原豆汤中炖30分钟，至其软烂熟透。

（3）把炖好的雪梨及小枣也装入炖好的盅中。

（4）把炖好的梨盅包上保鲜纸，放在蒸车上蒸约40分钟后取出。

成品特点：

清甜、软糯。

操作关键：

（1）所有原料必须炖烂。

（2）川贝不要加得太多（苦味太重）。

相关菜品：

用此菜的烹调方法还可以制作冰糖燕窝盅、木瓜蛤士蟆等菜品。

思考与练习：

（1）此菜炖制时需要掌握的火候是怎样的？

（2）为什么要提前用温水泡发豆类？

[趣味阅读]

熟梨与川贝的功效和作用

川贝炖雪梨具有清热降火、滋阴润肺、生津止渴、抗炎和抗感染、润肠通便等功效与作用。

1．清热降火

雪梨味甘性寒，川贝也为寒性中药材，可以清热降火。用川贝炖雪梨能缓解外感温热病毒引起的发热症状，并能消除体内火气，改善火气过旺引起的咽干咽痛、大便干结及小便黄赤等症状。

2．滋阴润肺

川贝能入肺经，有润肺作用，雪梨也可滋润肺部。两者结合能有效清除肺热，改善肺热咳嗽，能用于缓解慢性气管炎、慢性咽炎、百日咳等的症状，还可以清除痰热，有助于预防肺部及气管疾病。

3．生津止渴

川贝炖雪梨甘甜可口，而且雪梨味甘，具有较好的生津作用，可刺激食欲及唾液分泌，改善热病伤津引起的口干、口渴等症状。

4．抗炎和抗感染

雪梨和川贝都含有多种活性成分，具有抗炎和抗感染的作用。川贝炖雪梨可以在感冒、咳嗽时食用，能起到辅助治疗的作用。

5．润肠通便

雪梨中富含膳食纤维，有利于促进肠道蠕动，可以改善排便不畅的情况。

需要注意的是，不宜过量食用川贝炖雪梨，以免加重胃肠道的负担。

四、咖喱土豆炖牛肉

咖喱土豆炖牛肉如图 2.21 所示。

烹调方法：炖。

菜品味型：咸鲜香嫩。

食材原料：

主料：牛肉 300 克。

配料：土豆 200 克，大葱 5 克，姜 5 克，蒜 5 克。

调料：咖喱酱 10 克，精盐 3 克，味精 1 克，生抽 5 克，老抽 2 克，白糖 5 克，清汤 800 克。

工艺流程：

初加工→刀工处理→炖制→成菜装盘。

制作过程：

1．初加工

将葱、姜、蒜、土豆去皮洗净。

咖喱土豆
炖牛肉

图 2.21　咖喱土豆炖牛肉

2．切配

将葱、姜切粒，蒜切片，土豆切块，牛肉切块。

3．烹调

在锅内加油烧热，加入葱、姜、蒜爆香，下入牛肉煸炒，加入清汤炖制约 10 分钟，撇去浮沫（根据牛肉老嫩程度可适当增加时间），再加入土豆、咖喱酱、精盐、味精、生抽、老抽、白糖，改中小火煨制熟透即可。

成品特点：

牛肉香醇，咖喱味浓郁。

操作关键：

（1）牛肉在切配前要先去除血水。

（2）牛肉要先炖制再改用中小火煨制。

相关菜品：

用此菜的烹调方法还可以制作山药炖羊肉、蜜汁肋排等菜品。

思考与练习：

（1）为什么要先将牛肉炖制？

（2）炖的特点是什么？

（3）如何辨别牛肉的老嫩程度？

[趣味阅读]

使牛肉软烂的小技巧

使牛肉软烂的小技巧一：加入红茶。

红茶中的碱性，能分解牛肉的纤维，从而缩短炖制时间。

使牛肉软烂的小技巧二：加入红酒。

牛肉在西餐中有重要地位，如红酒炖牛肉，不仅好吃，还有葡萄酒的醇香。

使牛肉软烂的小技巧三：加入啤酒。

如果使用的牛肉脂肪含量较高，还可以加少量的啤酒，这样可以产生酯化反应，有助于脂肪的溶解，使牛肉香嫩而不腻。

使牛肉软烂的小技巧四：加入山楂。

一些地区的人喜欢在牛肉中加入山楂、藏红花、大枣、熟地、胡萝卜，这样炖出来的牛肉不仅好吃，还有滋养脾胃、强筋健体、化痰息风、补中益气之功效。

使牛肉软烂的小技巧五：加入番茄。

牛肉不仅是高蛋白质、低脂肪的食材，还富含人体每一天所需要的铁元素。

单元 5　烧

[情境导入]

古代熟制所用的"烧"字有不同的内涵。最初是将原料直接上火烧烤成熟称为"烧"。这种最原始的直接加热成熟的烹调法，延续时间最长。后来，将食物放入锅中，在锅下加热，又称"烧"。宋元时期开始出现汤汁烧法，《云林堂饮食制度集》中记载了烧猪脏、烧猪肉等；到了清代，烧法得到了广泛应用，《调鼎集》中记载了烧肚丝、烧皮肉、烧瓤虾绒、烧冬笋，以及红烧、煎烧等。在菜品的发展过程中，"烧"与"烤"的含义不同，以火直接为传热介质加热的方式称为"烤"；以水为传热介质加热的方式称为"烧"。

[相关知识]

"烧"是在加工整理、改刀成形并经熟处理（炸、煎、煸、煮或焯水）的原料中加适量汤汁和调味品，先用旺火烧沸，再用中小火烧透入味，最后用大火将汤汁烧至稠浓状态的烹调方法。

分类：按工艺特点和成菜风味，"烧"分为红烧、白烧和干烧三类。

（1）红烧。烹制原料时，必须添加带色调味品，使成菜色泽酱红或呈红黄色。红烧适宜于烹制各种不同性质的原料。对不易成熟的大块畜肉、整禽、整鱼等，烧前须预热加工成半成品；方肉、整鱼需剞花刀。成菜质感以软嫩为主，汤汁少而黏稠。烹制时一般先用油滑锅，后下葱、姜炝锅煸香，再下原料，或煎、或煸。如烧畜、禽肉，可煸至外层紧缩变色；而疏松易散碎的豆腐等，只需稍煎，再加有色调味料，如酱油和白糖等，然后加适量汤或水，用大火烧沸，加盖，转用中火，最后用大火收稠卤汁；或加湿淀粉勾芡后，稍加点油翻锅即成，如虾子大乌参、蟳段烧肉、锅烧河鳗、冰糖甲鱼等。

（2）白烧。白烧时，在正式烹制原料前，一般都经过汽蒸、焯水等初步熟处理，然后加汤或水及盐等无色调味品进行烧煮。汤汁多为乳白色，勾芡宜薄，以使清爽悦目，如白烧白脊鱼、烧两冬、干贝菜心、烧素四宝等。

（3）干烧。是"烧"的技法中较为特殊的一种。即将卤汁收稠，使汤汁渗入原料内部，或裹附在原料上的烧制方法。干烧时将原料炸或煎上色后，用中火烧，待汁自然收浓，或见油不见汁即成。干烧制成的菜品或香辣或咸香，如干烧岩鲤、干烧紫鲍、干烧明虾、干烧冬笋等。

操作要领：

（1）主料大多是经过油炸、煎、煸炒或蒸煮等初步熟处理后的半成品，有时也可直接使用未经熟处理的新鲜原料。

（2）烧制的火候以中小火为主，而加热时间需根据原料的老嫩和大小有所不同。

（3）烧菜最后所剩的汤汁一般为原料的四分之一，所以烧制后期需转旺火收汁，至于成菜勾芡与否则要视具体情况而定。而像干烧之类的技法，最后就应当收干汤汁，使调味品的味道全部渗入原料内部，成菜不留汤汁。

成菜特点：卤汁少而黏稠，口感鲜香软嫩，饱满光亮，味道浓郁。

适用范围：适宜于畜、禽、水产、茎根类蔬菜、豆制品等原料的烹制。

总之，"烧"是一种常用的烹调方法，可结合现代人对于食物的个性化需求，也可结合西方的烹调技巧创造出独特的中式菜肴，以迎合现代人的口味。

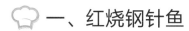
［ 菜例 ］

红烧钢针鱼

🍳 一、红烧钢针鱼

红烧钢针鱼如图 2.22 所示。

烹调方法：红烧。

菜品味型：咸鲜香嫩。

食材原料：

主料：钢针鱼 1 000 克。

配料：葱、姜、蒜各 5 克，香菜 5 克。

调料：猪油 60 克，色拉油 20 克，盐 3 克，味精 3 克，老抽 2 克，生抽 5 克，白糖 5 克，甜面酱 10 克，蚝油 5 克，干红椒 2 克，料酒 5 克，湿淀粉 5 克，高汤适量。

图 2.22　红烧钢针鱼

工艺流程：

初加工→刀工处理→烹调→成菜装盘。

制作过程：

1．初加工

将葱、姜、蒜去皮洗净，香菜去根、去大叶，洗净。

2．切配

将钢针鱼宰杀后去鳃，去内脏，洗净，两面剞一字花刀。

3．烹调

在锅内加入猪油、色拉油（混合）烧热，下入葱、姜、蒜、干红椒爆香，下入甜面酱炒出香味，加入适量高汤（一次性加足，以汤盖过鱼两指为宜）、钢针鱼，再加入盐、白糖、蚝油、老抽、生抽、料酒，烧至汤汁浓稠时再加入味精、湿淀粉，勾上少许芡汁，出锅后，在鱼上撒一些香菜。

成品特点：

色泽红亮，肉质香嫩，口感咸鲜。

操作关键：

（1）要在鱼两面剞一字花刀，便于入味。

（2）要一次性将水加足。

（3）用大火烧开的，改用中火烧制入味，用小火收汁。

相关菜品：

用此菜的烹调方法还可以制作红烧鲤鱼、红烧刀鱼等菜品。

思考与练习：

（1）为什么要一次性加足水？

（2）为什么要使用不同的火候烧制此菜品？

［趣味阅读］

钢针鱼简介

钢针鱼又称黄骨鱼、昂刺鱼、黄辣丁等。

钢针鱼多栖息于缓流多水草的湖周浅水区等处，尤其喜欢静水或缓流的浅滩处以及腐殖质和淤泥多的地方。

钢针鱼是杂食性动物，在自然条件下以动物性饲料为主，鱼苗阶段以浮游动物为食，成鱼则以昆虫及其幼虫、小鱼虾、螺蚌等为食，也吞食一些植物碎屑。

钢针鱼对人体有以下好处：

（1）含有优质蛋白，有利于增强体质；

（2）含有丰富的微量元素和维生素，有利于人体健康；

（3）含有丰富的鱼油，对心脑血管有益。

二、麻婆豆腐

麻婆豆腐

麻婆豆腐如图 2.23 所示。

烹调方法：烧。

菜品味型：咸鲜麻辣。

食材原料：

主料：豆腐 300 克。

配料：猪腿肉 50 克，葱、姜、蒜各 5 克，香菜 5 克。

调料：色拉油 30 克，花椒粉 2 克，味精 2 克，盐 1 克，酱油 2 克，豆瓣辣酱 20 克，湿淀粉 20 克，清汤 100 克，辣椒油 5 克，香油 5 克。

图 2.23　麻婆豆腐

工艺流程：

初加工→刀工处理→烹调→成菜装盘。

制作过程：

1．初加工

将葱、姜、蒜去皮，洗净；香菜去根、去大叶，洗净。

2．切配

（1）将豆腐切成约 1 厘米见方的丁，放入碗内，用清水浸泡约 5 分钟，倒入漏勺沥干水分。

（2）将猪腿肉剁碎成末。

（3）将葱、姜、蒜切末，香菜切成约 0.4 厘米的小段。

3．烹调

（1）在锅内加入清水烧开，放入豆腐块烫一下，捞出备用。

（2）在锅内加入色拉油烧热，放入肉末炒至变色，加入葱、姜、蒜炒香，加入豆瓣辣酱炒出红油，随即加入豆腐丁、清汤、盐、酱油改小火煮沸，再加入味精，用湿淀粉勾芡，用手勺轻轻推动，防止粘锅，再淋上辣椒油、香油，撒上花椒粉、香菜即可出锅。

成品特点：

色泽红亮，入口滑嫩，麻辣鲜香。

操作关键：

（1）豆腐丁要切得大小一致。

（2）豆腐丁要用开水烫一下，以去除豆腥味。

（3）烧制豆腐时，要轻轻晃动炒锅，以防止粘锅。

相关菜品：

用此菜的烹调方法还可以制作肉末烧豆腐、海米炖蛋等菜品。

思考与练习：

（1）豆腐块为什么要放入开水中烫一下？

（2）为什么要勾芡？

[趣味阅读]

麻婆豆腐的由来

麻婆豆腐始创于清朝同治元年（1862 年）。据说，当时在成都万福桥边有一家小饭店，因为老板娘陈氏脸上有几颗麻子，故人称"陈麻婆"。陈氏对烹制豆腐有一套独特的技巧，制出的豆腐色香味俱全，深得当地人的喜爱。陈氏创制的烧豆腐则被人称为"麻婆豆腐"。后来，其饮食小店以"陈麻婆豆腐店"为名。

三、红烧茄子

红烧茄子

红烧茄子如图 2.24 所示。

烹调方法：红烧。

菜品味型：咸香微甜。

食材原料：

主料：茄子 450 克。

配料：五花肉 20 克，葱、姜各 3 克，蒜 8 克，香菜 3 克。

调料：色拉油 750 克（实耗约 100 克），甜面酱 15 克，白糖 10 克，盐 2 克，味精 2 克，生抽 10 克，老抽 1 克，湿淀粉 10 克，香油 4 克。

图 2.24　红烧茄子

工艺流程：

初加工→刀工处理→炸制→烹调→成菜装盘。

制作过程：

1．初加工

（1）将茄子去除外皮（也可不去皮），洗净。

（2）将葱、姜、蒜去皮，洗净；香菜去叶、根，洗净。

2．切配

（1）将茄子切两半，切滚刀块。

（2）将葱、姜、蒜切末，香菜切段。

（3）将五花肉切末。

3．炸制

在锅内放入色拉油烧至8成热，将茄子入油锅中炸制成熟后捞出，控净油分。

4．烹调

在锅底留油，加入肉末炒制发白，加入葱、姜、蒜爆香，再加入甜面酱略炒，加入盐、白糖、生抽、老抽、茄子块、适量清水烧透入味，待汤汁浓稠时加入味精勾芡，淋上香油翻匀撒入香菜出锅即可。

成品特点：

色泽酱红，酱香浓郁，口味咸鲜、略甜。

操作关键：

（1）应选用鲜嫩的长线茄。

（2）茄子块不可切得太小，以免加热时破碎，影响菜品的美观。

（3）油炸茄子时间不可过长，以免茄子由于失水过多而影响口感。

相关菜品：

用此菜的烹调方法还可以制作红烧鱼块、酱烧排骨等菜品。

思考与练习：

（1）炸制茄子时，对油温有什么要求？

（2）制作红烧茄子时，要给茄子去皮吗？

[趣味阅读]

明油的适用范围

就中国热菜烹调的传统习惯来说，明油主要适用于那些需要勾芡的菜肴，尤其是爆炒类菜肴，主要起到"亮芡"的作用。实际上，对于热菜的烹调，除非原料本身可以产生大量油脂，一般情况下可以加入适量明油，来保证菜肴的光泽度和食用温度；尤其是脂肪含量相对较少的原料如植物性原料，可适当增加明油数量，以弥补菜肴中脂肪含量不足的缺点。除了起到上述作用外，明油对于使营养平衡也具有一定的作用。

四、浓汁烧鱼肚

浓汁烧鱼肚如图 2.25 所示。

烹调方法： 白烧。

菜品味型： 咸鲜。

食材原料：

主料：干鱼肚 250 克。

配料：玉兰片 80 克，鸡肉 150 克，香菇 15 克。

调料：精盐 5 克，味精 2 克，白胡椒粉 2 克，湿淀粉 4 克，香油 2 克，葱姜油 40 克，鸡汤适量。

图 2-25　浓汁烧鱼肚

工艺流程：

初加工→原料发制→刀工处理→烹调→出锅装盘。

制作过程：

1．初加工

将干鱼肚、香菇涨发备用。

2．切配

将水发鱼肚挤干水分，改刀成长约 4 厘米、宽约 5 厘米的片，将鸡肉（熟鸡脯肉）改刀成同样大小的片，再将玉兰片改刀为菱形片。

3．烹调

将炒锅置于火上，热锅加入葱姜油，倒入鸡汤，撒入白胡椒粉，放入鱼肚、熟鸡脯肉、玉兰片，撇去浮沫再放入精盐，用小火烧至汤汁浓稠，放入味精调味，湿淀粉勾芡，淋入香油即可。

成品特点：

色泽洁白，口味咸鲜，鱼肚软嫩。

操作关键：

（1）掌握发制鱼肚的技巧。

（2）掌握加入汤汁的量与烧制的火候。

相关菜品：

用此菜的烹调方法还可以制作白烧蹄筋、白烧鱼唇等菜品。

思考与练习：

（1）在烧制鱼肚的过程中需注意什么问题？

（2）发制鱼肚的技术关键是什么？

[趣味阅读]

鱼肚的发制方法与技巧

鱼肚的发制方法有水发和油发两种。质厚者水发、油发均可；质薄瘦小者宜油发，不宜水发。

1. 油发

将锅放在火上，倒入大半锅油，待油 3 成热时，将鱼肚放入并泡软，用勺压住，用文火浸炸，待鱼肚起泡再翻过来炸。如果油温升高，可将锅端下；油温下降后，再上火反复炸制。炸制时间的长短，可以根据鱼肚的质量而定。质厚的炸制时间稍长，质薄的炸制时间较短。不能大火高温炸制，以防皮焦肉不透。鱼肚炸透的标准是锅内的油不翻花，一拍就断，断面处呈海绵状。将炸好的鱼肚放盆内，先用东西压住，再倒入开水，使其浸发回软后捞出，挤去水分。根据所制菜肴的需要，将鱼肚切成不同的形状，漂去油质，每天换水两次。用鱼肚做菜时，用毛汤将其稍煮一下便可。

2. 水发

用温水将鱼肚洗净，放锅里加冷水烧开，焖两小时后，将鱼肚用冷水清洗一遍，换开水继续焖泡。每次换水时，应先将鱼肚用冷水洗一下，再用热水焖，发透为止。

五、干烧鲳鱼

干烧鲳鱼

干烧鲳鱼如图 2.26 所示。

烹调方法：干烧。

菜品味型：咸鲜香嫩，微辣有回甜。

食材原料：

主料：鲳鱼 750 克。

配料：腌雪里蕻 15 克，猪五花肉 30 克，冬笋 15 克，小葱 4 克，大蒜 4 克，姜 4 克。

图 2.26　干烧鲳鱼

调料：酱油 20 克，黄酒 4 克，干红辣椒 15 克，精盐 4 克，熟猪油 60 克，味精 4 克，白糖 10 克，香油 4 克，清汤 1 000 克。

工艺流程：

初加工→刀工处理→腌制→烹调→出锅装盘。

制作过程：

1．初加工

将鲳鱼去鳃，去内脏洗净，在鱼的两面以约 0.6 厘米的刀距剞上柳叶花刀，抹匀酱油并腌制入味。

2．切配

（1）将葱、姜、蒜切末，干红辣椒切丁。

（2）将腌雪里蕻、猪五花肉、冬笋切成约 0.6 厘米见方的丁。

3．烹调

（1）在锅内放油烧至 9 成热，将鱼下入，炸至 5 成熟，呈枣红色时捞出控净油。

（2）另起油锅烧热，先将猪五花肉丁下锅煸炒，再放入黄酒、葱姜末、蒜末、冬笋丁、腌雪里蕻丁、干红辣椒丁煸炒几下，随即加入白糖、酱油、精盐、清汤烧沸。

（3）把鱼放入锅内，用小火烧透入味，至汤汁收浓时，将鱼捞出放入盘内。

（4）给锅内的余汁加入味精、香油调味，浇在鱼上即可。

成品特点：

色泽红亮，咸鲜香嫩。

操作关键：

（1）制作干烧鲳鱼的难点在于鱼很容易遇到鱼皮破烂的情况，会影响美观，要注意控制火候。

（2）炸制时的油温不能过低，上色即可，不能炸制时间过长。

相关菜品：

用此菜的烹调方法还可以制作干烧鲤鱼、干烧鲈鱼等菜品。

思考与练习：

（1）干烧与红烧有什么区别？

（2）干烧为什么不用勾芡？

[趣味阅读]

烧鱼时用冷水还是热水

烧鱼时，究竟该用冷水还是热水？这取决于想要的最终效果和对鱼汤口感的偏好。使用冷水下锅炖鱼汤，可以让鱼肉更加紧实，营养成分得到保留，并且汤色浓稠。这种方法适合大多数鱼类，通常用于炖制浓汤，适合慢慢炖煮，让鱼肉的味道更加鲜美和紧实。而使用热水下锅炖鱼汤，可以使汤色清澈，口感更加嫩滑。这种方法适合质地较嫩的鱼类，尤其是需要保持鱼肉嫩滑口感的场合。

六、红烧公鸡腰

红烧公鸡腰如图 2.27 所示。

烹调方法：红烧。

菜品味型：咸鲜。

食材原料：

主料：鲜公鸡腰 500 克。

配料：大葱 10 克，姜 5 克，蒜 5 克，香菜 3 克。

调料：甜面酱 3 克，盐 1 克，味精 1 克，料酒 10 克、白糖 1 克，生抽 1 克，老抽 1 克，大茴 1 个，花椒 2 克，生粉 10 克，干红椒 1 个。

图 2.27　红烧公鸡腰

工艺流程：

初加工→刀工处理→烧制→出锅成菜。

制作过程：

1．初加工

（1）将公鸡腰摘洗干净，焯水去腥。

（2）将葱、姜、蒜去皮洗净，香菜洗净去大叶。

2．切配

将葱切段、姜切片、蒜切块、干红椒切段、香菜切粒。

3．烹调

（1）在锅内将油烧热，先加入葱、姜、蒜、干红椒丁、大茴、花椒煸出香味，再加入水、甜面酱烧开。

（2）在锅内倒入鸡腰，改小火加盐、料酒、白糖、生抽、老抽、味精烧透入味（可以把花椒、辣椒等用漏勺捞出来），提芡亮油出锅装盘，在上面撒一些香菜即可。

成品特点：

色泽红亮，咸鲜味美。

操作关键：

（1）烧制公鸡腰时，要改用小火。

（2）芡汁不要太多。

（3）注意汤汁余量，适时勾芡。

相关菜品：

用此菜的烹调方法还可以制作红烧鲅鱼、红烧排骨等菜品。

思考与练习：

（1）为什么要改用小火？

（2）不同的原料在红烧时的操作步骤有何区别？

[趣味阅读]

公鸡腰的功效与食用禁忌

公鸡腰最主要的功效是滋阴补阳，对于缓解头晕、眼花和耳聋、盗汗以及咽干、耳鸣等症状有一定的作用。另外，其能够改善皮肤状态，延缓衰老的速度，美白皮肤。但由于鸡肾中的胆固醇含量比较高，不适合老年人和小孩食用，肥胖的人群也尽量不要吃这种食物，以免提高心脑血管疾病的发生率；患胆囊炎或者其他的胆囊疾病的人也不宜多吃。

七、红烧鲅鱼

红烧鲅鱼如图 2.28 所示。

烹调方法：红烧。

菜品味型：咸鲜香辣。

食材原料：

主料：鲅鱼 500 克。

配料：香菜 5 克，葱、姜、蒜各 5 克。

调料：色拉油 750 克（实耗约 70 克），甜面酱

图 2.28 红烧鲅鱼

15 克，料酒 10 克，米醋 8 克，白糖 10 克，盐 2 克，

味精 2 克，生抽 10 克，老抽 2 克，八角 2 个，花椒 2 克，干红椒 1 克，湿淀粉 10 克，

香油 4 克。

工艺流程：

初加工→刀工处理→烹调→成菜装盘。

制作过程：

1．初加工

（1）将鲅鱼去鳃、去内脏，洗净。

（2）将葱、姜、蒜去皮，洗净；香菜去根、去大叶，洗净。

2．切配

（1）将鲅鱼切成约 2 厘米的段。

（2）将葱、姜、蒜切片，干红椒、香菜切段。

3．烹调

（1）在锅内加入色拉油烧至 8 成热，将鲅鱼段加入油锅中炸至棕红色后捞出控油。

（2）在锅内加入色拉油，加入八角、花椒、干红椒炒香，加入葱、姜、蒜、甜面酱小火炒香，加生抽、老抽、料酒、盐、白糖、米醋、鲅鱼块、适量清水用大火烧开，小火慢烧约 5 分钟至鲅鱼入味，待汤汁浓稠时加入味精，用湿淀粉勾芡，淋上香油翻匀，出锅后撒上香菜段即可。

成品特点：

色泽酱红，酱香浓郁，口味咸甜微辣。

操作关键：

（1）选用新鲜鲅鱼为好。

（2）油炸鲅鱼时要控制好油温。

思考与练习：

（1）炸制鲅鱼时油温应控制在几成热？

（2）为什么要小火慢炖？

[趣味阅读]

鲅鱼去腥法

（1）清洗干净。在宰杀鲅鱼的时候，首先要将其仔细清洗干净，最好是先泡一会儿，彻底去除血水。

（2）加酒。由于料酒、白酒、啤酒、花雕等含酒精，都可以去腥。

（3）加生姜。可以将生姜切碎了放入鲅鱼里，如果有人不喜欢吃到生姜，则可以选择用碎生姜泡成的生姜水。

（4）加胡椒粉。不管是白胡椒还是黑胡椒，都有去腥的作用。

（5）加葱。小葱、大葱或者洋葱都可以。

（6）高温加热。最好先用油煎一下鲅鱼，再将其红烧。

单元 6　塌

[情境导入]

"塌"，又称锅塌，是将加工成扁平状的原料挂匀全蛋糊，放入少量油中，煎至两面呈金黄色，再加入调味品和少量汤汁，使之慢慢把汤汁收尽的一种烹调技法。成菜色泽黄亮，软嫩香鲜。早在明代，山东济南就出现了锅塌豆腐，而到了清乾隆年间，此菜荣升为宫廷菜。

[相关知识]

"塌"是指将加工成形的原料加调味品拌渍入味，挂糊后入锅，煎至两面金黄色后再加调味品和少量汤汁，用小火收浓汤汁或勾芡淋明油成菜的烹调方法。

分类："塌"分为油塌、水塌。油塌是主料挂糊，下锅将两面塌成金黄色，加入调味品，烹汁的一种做法。水塌是将主料浆好，用温油滑过后，放入适量鲜汤的一种做法。

操作要点：

（1）掌握好菜肴色泽，以金黄色为宜。

（2）煎时的油量不宜过多。

（3）收汤汁的时间要短些，可略勾薄芡、淋明油。

成菜特点：色泽金黄，软嫩香鲜，滋味醇厚。

适用范围：适用于多种食材，如猪肉、鱼、虾、鸡、豆腐、蔬菜等，一般加工成片、条、块等形状。

总之，"塌"制技法是水和油两种烹饪方法的混合形成技法，能给我们带来另类的口感体验，通过本单元的学习，掌握其操作要领，我们就可以烹制出美味菜肴。

[菜例]

锅塌豆腐

🍳 一、锅塌豆腐

锅塌豆腐如图 2.29 所示。

烹调方法：塌。

菜品味型：咸鲜香嫩。

食材原料：

主料：豆腐 300 克。

配料：鸡蛋 2 个，葱、姜各 5 克。

调料：色拉油 30 克，盐 6 克，味精 2 克，料酒 10 克，香油 10 克，面粉 50 克，清汤 100 克。

图 2.29 锅塌豆腐

工艺流程：

初加工→刀工处理→拍粉拖蛋→煎制→塌制调味→成菜装盘。

制作过程：

1．初加工

（1）将鸡蛋打入碗内搅匀。

（2）将葱、姜去皮洗净。

2．切配

（1）将豆腐切成长约 4 厘米、宽约 3 厘米、厚约 0.8 厘米的片。

（2）将葱、姜切丝。

3．烹调

（1）将豆腐片放入小盆内，加入葱姜丝、盐、料酒腌制入味。

（2）在锅内放入色拉油，烧至 2 成热，把豆腐片两面拍上面粉，拖上鸡蛋液，逐片排放在锅内，将一面煎成金黄色，大翻勺，再将另一面煎成金黄色，滤出余油。

（3）将豆腐放入锅内，再放上葱姜丝、料酒、盐、味精、清汤烧沸，盖上锅盖，转至小火，收干汤汁，大翻勺，稍微煎制，淋上香油出锅即可。

成品特点：

色泽金黄，质地鲜嫩，滋味醇厚。

操作关键：

（1）煎豆腐时要掌握好火候，防止煎煳。

（2）拖鸡蛋液时应防止原料出水，面粉粘手，影响美观。

相关菜品：

用此菜的烹调方法还可以制作鸡蛋饼、锅塌鸡片、锅塌鱼等菜品。

思考与练习：

（1）简述制作锅塌豆腐的技术关键。

（2）掌握扎实的基本功（大翻勺技巧），保持形状完整。

[趣味阅读]

锅塌豆腐的特色

锅塌豆腐是山东经典名菜之一，属于鲁菜。豆腐经过调料浸渍，拖上鸡蛋液经油煎，加以鸡汤微火塌制，十分入味，又称"锅塌豆腐夹馅"。成菜呈深黄色，外形整齐，入口鲜香，营养丰富。

二、锅塌鱼片

锅塌鱼片如图 2.30 所示。

烹调方法：塌。

菜品味型：咸鲜。

食材原料：

主料：鲈鱼 1 条（约 500 克）。

配料：葱 10 克，姜 5 克，蒜 5 克，水发冬菇 10 克，鸡蛋 2 个，火腿 10 克，细香葱 5 克，胡萝卜 5 克，面粉 120 克。

图 2.30　锅塌鱼片

调料：盐 3 克，味精 2 克，料酒 10 克，香油 5 克，色拉油 50 克，清汤 50 克。

工艺流程：

初加工→刀工处理→拍粉拖蛋→煎制→塌制调味→装盘。

制作过程：

1．初加工

（1）将鲈鱼宰杀洗净，取肉备用。

（2）将葱、姜、蒜、冬菇、胡萝卜、香葱洗净备用。

2．切配

（1）将葱、姜、冬菇、火腿、胡萝卜分别切丝，蒜切片，细香葱切段备用。

（2）将鱼肉切成长约 3 厘米、宽约 2 厘米、厚约 0.3 厘米的片，加入盐、料酒、味精腌制入味。

3．制糊

将蛋黄加适量清水、面粉调成糊状。

4．烹调

在锅内倒入色拉油并烧至约 4 成热，将鱼片拍粉拖蛋，逐片下入锅内，小火慢煎至金黄色，再加入葱、姜、蒜、冬菇、火腿、胡萝卜、清汤、盐、味精，小火收汁至熟透，再撒上香葱，淋入香油即可。

成品特点：

鱼肉鲜嫩，色泽金黄，有形不散。

操作关键：

（1）鱼片要厚薄、大小均匀。

（2）注意火候，用小火煎，慢慢收汁，防止粘锅。

相关菜品：

用此菜的烹调方法还可以制作锅塌豆腐、锅塌海蛎子等菜品。

思考与练习：

（1）制作锅塌鱼片的刀工要求有哪些？

（2）为什么要拍粉拖蛋？

[趣味阅读]

鲈鱼是淡水鱼还是海鱼

鲈鱼（图 2.31）是一种常见的鱼类，既可以在淡水中生活，也可以在海水中生活。根据生活环境和习性的不同，鲈鱼分为淡水鲈鱼和海鲈鱼两种。

淡水鲈鱼是一种常见的鱼类，主要在江河、湖泊等淡水环境中生长。它们通常具有流线型的身体，以及一些特殊的生理和行为特征，如可以在水中跳跃和呼吸空气。淡水鲈鱼的体型和颜色因品种而异，有的品种个体较小，颜色呈淡绿色或棕色；有的品种个体较大，颜色呈蓝色或黄色。

海鲈鱼则是一种常见的海鱼类，主要海洋环境中生长。它们通常具有较为粗糙的鳞

淡水鲈鱼

海鲈鱼

图 2.31　鲈鱼

片，以及一些特殊的生理和行为特征，如可以在水中迅速游动和感知水流。海鲈鱼的体型和颜色也因品种而异，有的品种个体较小，颜色呈浅灰色或黑色，有的品种个体较大，颜色呈深蓝色或紫色。

除了生活环境和习性不同外，淡水鲈鱼和海鲈鱼在营养价值方面也存在一定的差异。一般来说，淡水鲈鱼的肉质比较细腻，口感鲜美，适合清蒸、煮汤等烹调方式；而海鲈鱼的肉质比较粗硬，口感较为粗糙，适合烧烤、煎炸等烹调方式。此外，由于淡水鲈鱼和海鲈鱼的生长环境不同，它们所含的营养成分也存在差异。例如，淡水鲈鱼中富含不饱和脂肪酸和蛋白质等营养成分，而海鲈鱼中则富含碘、硒等微量元素和各种矿物质。

三、锅塌海蛎肉

锅塌海蛎肉如图 2.32 所示。

烹调方法：塌。

菜品味型：咸鲜。

食材原料：

主料：活海蛎子 300 克。

配料：葱 10 克，姜 5 克，韭菜 20 克，面粉 20 克，鸡蛋黄 80 克，淀粉 20 克。

锅塌海蛎肉

图 2.32　锅塌海蛎肉

调料：盐 3 克，味精 2 克，料酒 10 克，香油 5 克，色拉油 150 克，清汤 150 克。

工艺流程：

初加工→刀工处理→拍粉拖蛋→煎制→塌制调味→装盘。

制作过程：

1．初加工

（1）将活海蛎子取肉洗净备用。

（2）将葱、姜去皮，韭菜洗净备用。

2．切配

将葱、姜分别切丝备用，韭菜切粒（去掉大叶用韭菜的前半部分）。

3．制糊

将鸡蛋黄、淀粉、面粉、盐混合搅拌成糊状。

4．烹调

（1）将海蛎肉用开水烫一下控水，再拍上一层面粉，将海蛎肉、韭菜放入糊内

（注意拌制均匀即可，避免搅动过度致使海蛎肉破碎）。

（2）在锅内倒入色拉油烧至约 4 成热，将海蛎肉倒入锅内，摊成饼状，两面煎成金黄色，倒出控油备用。

（3）在锅内留油，加入葱姜丝爆香，再加入清汤、盐、味精、料酒、海蛎饼，用中火收汁，进行大翻勺操作后再略煎，淋入香油并倒入盘中即可。

成品特点：

海蛎肉鲜嫩，色泽金黄。

操作关键：

（1）煎海蛎肉时要将肉饼摊至厚薄均匀，油温不要太高。

（2）收汁时要在汤汁较少时再大翻勺，避免形散。

相关菜品：

用此菜的烹调方法还可以制作锅煽蒲菜、锅塌鱼片等菜品。

思考与练习：

（1）进行收汁与大翻勺操作时要注意什么？

（2）拌制海蛎肉时要避免什么情况发生？

[趣味阅读]

大翻勺的操作要领

1．具体方法

左手握勺柄或锅耳，晃动勺中菜肴，然后将勺拉离火口并抬起随即送向右上方，将勺抬高与灶面成 $60° \sim 70°$ 角；同时，用手臂轻轻将勺向后勾拉，使原料腾空向后翻转，这时菜肴对大勺会产生一定的惯性，为了减轻惯性，要顺势将勺与原料一起下落，角度变小接住原料。上述拉、送、扬、翻、接一整套动作的完成要敏捷准确，一气呵成，不可停滞分解（图 2.33）。

图 2.33 大翻勺

2．适用范围

大翻勺适用于整形原料和造型美观的菜肴，如"扒"法中的蟹黄扒冬瓜，即先将冬瓜条熟处理后码于盘中，再轻轻推入已调好的汤汁中用小火扒入味，勾芡后采用大翻勺的技法，使菜肴稳稳地落在勺中，其形状不散、不乱，与码盘时的造型完全相同。

四、锅塌银鳕鱼

锅塌银鳕鱼如图 2.34 所示。

烹调方法：塌。

菜品味型：咸鲜。

食材原料：

主料：银鳕鱼 350 克。

配料：葱 5 克，姜 5 克，香菜 5 克，鲜红椒 5 克，淀粉 25 克，鸡蛋 3 个。

调料：盐 3 克，味精 2 克，鲜露汁 5 克，料酒 10 克，香油 5 克，色拉油 150 克，清汤 200 克。

图 2.34　锅塌银鳕鱼

工艺流程：

初加工→刀工处理→拍粉拖蛋→煎制→塌制调味→装盘。

制作过程：

1．初加工

（1）将银鳕鱼洗净备用。

（2）将葱、姜去皮洗净，香菜去叶洗净，鲜红椒去蒂洗净备用。

（3）将鸡蛋打散搅拌均匀。

2．切配

将葱、姜、鲜红椒分别切丝，香菜切段。

3．烹调

（1）将银鳕鱼拍粉拖蛋备用。

（2）在锅内倒入色拉油并烧至约 3 成热，将银鳕鱼下锅煎至两面呈金黄色，倒出控油备用。

（3）在锅内留油，加入葱姜丝爆香，再加入清汤、盐、味精、料酒、鲜露汁、银鳕鱼，用小火收汁，进行大翻勺操作后再略煎，淋入香油倒入盘中，在上面撒上葱姜丝、香菜段、红椒丝即可。

成品特点：

银鳕鱼香嫩，色泽金黄。

操作关键：

（1）加入清汤后要掌握煨制火候。

（2）煎制时要用小火并在锅内快速晃动，避免煎煳。

相关菜品：

用此菜的烹调方法还可以制作锅塌里脊片、锅塌虾仁等菜品。

思考与练习：

（1）为什么要快速晃动锅内的银鳕鱼？

（2）为什么要用小火煨制使银鳕鱼入味？

（3）银鳕鱼还可以用来制作哪些菜肴？

[趣味阅读]

银鳕鱼

银鳕鱼（图 2.35）是黑鲉科、裸盖鱼属鱼类，属于深海鱼，营养价值极高，含有脂肪、蛋白质及多种维生素。银鳕鱼是中国和日本市场的叫法，实际上没有这个种类。通常，被人们称为银鳕鱼的鱼类有两种，一种是智利海鲈鱼，属于鲈形目；另一种是阿拉斯加黑鳕鱼，属于鲉形目；银鳕鱼的功效主要包括补充营养、促进骨骼发育、预防心脑血管疾病、保护视力、增强记忆力、促进吸收消化、降血糖等，可以适量食用。

图 2.35　银鳕鱼

单元⑦ 蜜汁

[情境导入]

春天的饮食讲究多食甜、少食酸，这有利于疏肝理气。当食客们的心情焦虑、紧张或烦闷时，厨师们不妨以蜜汁技巧为主，制作一些令人愉悦放松的甜美菜肴，赢得食客喜爱。蜜汁技法可用于冷盘、热菜、甜品，是将原料放在糖汁或蜂蜜汁中，通过焖、煮、蒸、煨、炖、炒、烧等方式，收浓糖汁或熬制浇汁而成，使甜味渗入原料，且汁浆浓缩后还会产生一定的光亮，令菜肴色泽美观、香甜软糯。

[相关知识]

"蜜汁"是将经过加工处理的原料以水或蒸汽为导热体，在用白糖、蜂蜜与清水熬化收浓的糖液中，经过熬制或蒸制使之甜味渗透原料内，经收浓糖汁成菜的烹调方法。

分类：根据操作方法，蜜汁分为蜜汁和蜜蒸两种。

操作要点：

（1）对于质地老韧、费时费火的原料，应先蒸熟后再进行蜜制，以免由于加热时间太长而造成糖汁变色、变味。

（2）根据原料品种和性质的不同，掌握好糖汁浓稠度：果蔬类应稠，肉类应稀。

（3）蜜汁时添加的香花或香精，以有香味为准，不能太浓。

成菜特点：色泽美观，酥糯香甜。

适用范围：主要适用于干、鲜果品、蔬菜中的根茎类，以及肉类等烹饪原料，如莲子、红枣、苹果、山药、芋头、火腿等。

总之，"蜜汁"是一种需要在炒糖色、收汁等时对火候、时间进行精准掌控的技法。用这种技法制作的菜品除了经典的蜜汁火方外，还有蜜汁山药、蜜汁叉烧肉、龙眼甜烧白。

[菜例]

蜜汁山药墩

一、蜜汁山药墩

蜜汁山药墩如图 2.36 所示。

烹调方法：蜜汁。

菜品味型：软糯香甜。

食材原料：

主料：山药 1 100 克。

配料：枸杞子 2 克。

调料：白糖 30 克，蜂蜜 40 克，湿淀粉 10 克。

工艺流程：

初加工→刀工处理→装盘蒸制→浇汁。

图 2.36　蜜汁山药墩

制作过程：

1．初加工

（1）将山药去皮。

（2）将枸杞子温水泡发。

2．切配

将山药均匀地修成约5厘米的墩状。

3．蒸制

把山药摆入盘中入蒸车蒸至熟透。

4．浇汁

在锅内加入清水、白糖、蜂蜜、枸杞子熬制，再将湿淀粉勾芡浇在山药上即可。

成品特点：

色泽洁白，山药软糯，香甜适口。

操作关键：

（1）山药去皮要匀滑，修成圆柱状。

（2）根据山药质地适当调整蒸制时间。

相关菜品：

用此菜的烹调方法还可以制作冰糖雪梨、蜜汁山楂等菜品。

思考与练习：

（1）为什么要根据山药质地调整蒸制时间？

（2）蒸的烹调技法特点有哪些？

[趣味阅读]

制作蜜汁菜肴甜汁的技巧

蜜汁菜的甜汁主要有两种类型，一种是清香细润型；另一种是浓香肥糯型。

1．清香细润的甜汁

这类甜汁必须使用冰糖制作，汁多、不稠，具有清、甜、嫩、润的特色，一般称为冰糖甜汁。其调汁方法十分细致，冰糖和水同时放入锅内（各地的配料比例不同，大约每500克水中加200～250克冰糖），中火熔化（有的把冰糖和水放入大碗内，置于笼屉中蒸至融化）化开后撇去浮沫，再用洁净白布过滤，清除杂质，使甜汁澄清，软滑润嗓。甜汁调制好后，如用银耳，按常规发好，放入甜汁中，用中小火炖烂，即为冰糖银耳，此菜有两种吃法：一种是炖烂趁热上桌吃，适合冬季食用；另一种是炖烂晾透，放入冰箱速冻，再取出上桌，适合夏季食用。

2．浓香肥糯的甜汁

这类甜汁汁少，黏稠，香甜，色泽透亮，一般用上等绵白糖调制。其调制方法分为两种：一种是锅内放少许油烧热后，加糖，用中等火力稍加煸炒，炒至糖色转黄（火力大些相当于拔丝的炒糖火候），再加水熬熔，改用小火熬至起泡、黏浓、变稠，即可浇在预制好的主料上，呈淡黄色，十分透亮。这种做法类似"熘"，有的地区称为"糖熘"。另一种是把糖和水同时入锅，烧开，熬熔，撇沫，加入主料同烧，至主料酥烂、甜汁变稠，取出主料盛在盘内，再将甜汁继续小火熬至浓稠（有的还要勾芡），浇在主料上。

二、蜜汁银耳莲子

蜜汁银耳莲子

蜜汁银耳莲子如图 2.37 所示。

烹调方法：蜜汁。

菜品味型：甜糯。

食材原料：

主料：水发莲子 400 克，发制银耳 200 克。

配料：泡发干红枣 10 克，枸杞 5 克。

调料：冰糖 60 克，蜂蜜 30 克。

工艺流程：

初加工→加入主配料→熬制→收汁装盘。

制作过程：

图 2.37 蜜汁银耳莲子

1．初加工

将水发莲子去心、泡发干红枣去核、发制银耳除去根部撕成小块备用。

2．烹调

在锅内加入清水和冰糖烧开，待冰糖化开后加入莲子、银耳、红枣改小火熬制，出锅前 7 分钟左右加入蜂蜜、枸杞子再收汁后即可。

成品特点：

味甜，清热润肺。

操作关键：

（1）选用优质的莲子、银耳，保证其菜品质量。

（2）熬制时，要注意火候，注意观察汤汁变化。

相关菜品：

用此菜的烹调方法还可以制作蜜汁山药、蜜汁三果等菜品。

思考与练习：

（1）选用莲子、银耳时要怎么区分它们品质的优劣？

（2）为什么要将莲子心去除？

[趣味阅读]

银耳莲子羹的功效

银耳莲子羹主要有滋阴润燥、养心安神、益气补血、润肺止咳、抗衰老等功效。

（1）滋阴润燥：莲子银耳汤中的莲子和银耳都具有滋阴润燥的作用，可以帮助调节体内阴阳平衡，缓解口干舌燥、咽干咳嗽等症状。

（2）养心安神：莲子银耳汤中的莲子富含多种氨基酸和微量元素，具有养心安神的作用，可以缓解焦虑、失眠，有助于提高睡眠质量。

（3）益气补血：莲子银耳汤中的莲子和银耳都富含多种维生素和矿物质，具有益气补血的作用，可以提高机体的免疫力，促进血液循环，有助于改善贫血和疲劳。

（4）润肺止咳：莲子银耳汤中的银耳具有润肺止咳的作用，不仅可以缓解干咳、咳痰等症状，还可以保护呼吸道黏膜，减少炎症反应，有助于促进呼吸道的健康。

（5）抗衰老：莲子银耳汤中的莲子和银耳富含抗氧化物质，可以清除自由基，有助于延缓细胞老化和提高皮肤弹性，起到抗衰老的作用。

三、蜜汁鱼柳

蜜汁鱼柳

蜜汁鱼柳如图 2.38 所示。

烹调方法：蜜汁。

菜品味型：香甜。

食材原料：

主料：草鱼 300 克。

配料：葱 10 克，姜 10 克，淀粉 10 克。

调料：色拉油 2 000 克（实耗约 60 克），盐 2 克，味精 2 克，料酒 10 克，糖色 2 克，冰糖 50 克。

工艺流程：

初加工→刀工处理→腌制→炸制→熬制→收汁装盘。

图 2.38　蜜汁鱼柳

制作过程：

1．初加工

（1）将草鱼宰杀后去骨、取肉备用。

（2）将葱、姜去皮洗净。

2．切配

将葱、姜切片，鱼肉切条。

3．腌制

将鱼肉用葱、姜、盐、味精、料酒、淀粉抓拌腌入味。

4．烹调

（1）在锅内加油烧至 7 成热，逐块下入鱼柳炸至金黄色捞出，待油温升至 8 成热再下入鱼柳复炸捞出备用。

（2）在锅内加入清水、冰糖、糖色并烧开，小火熬制汁液至稍浓稠时，加入鱼柳再熬制汁液浓稠，淋入热油快速翻炒均匀出锅即可。

成品特点：

色泽金黄，香甜可口。

操作关键：

（1）熬制糖液时的浓稠度要把握好火候，应使用小火。

（2）炸制鱼柳时要掌握的油温的变化。

相关菜品：

用此菜的烹调方法还可以制作蜜汁里脊、蜜汁排骨等菜品。

思考与练习：

（1）鱼肉还可以制作哪些菜肴？

（2）为什么要先将鱼柳腌入味？

[趣味阅读]

关于"蜜汁"

根据原料的性质和成品的要求，蜜汁加热的方式分为以下几种。

（1）烧焖法：将锅放在火上，放少许油烧热，放糖炒化，当糖溶液呈浅黄色时，按比例加入清水并烧开，放入加工好的原料，再沸后改用中小火烧焖，至糖汁起泡并呈浓稠状，待主料入味成熟时即可出锅。

（2）蒸法：将加工的原料与糖水一起放入容器内，入笼屉，用大火烧至上汽后改用中火较长时间加热，蒸至主料熟透酥烂，下屉将糖汁浇入锅内，主料翻扣盘中。接下来，再用大火将锅内糖汁收至浓稠，浇在盘内的主料上。

（3）炖法：将糖和适量水放入锅内，烧至糖熔化后，将预制酥烂的主料放入，再沸后改用小火慢炖，至糖汁浓稠，甜味渗入主料内部并裹匀主料时即可。

另外，还可以在糖汁中适当加入桂花酱、玫瑰酱、椰子酱、山楂酱、蜜饯、牛奶、芝麻等。

四、蜜汁排骨

蜜汁排骨如图 2.39 所示。

烹调方法：蜜汁。

菜品味型：味甜、肉香。

食材原料：

主料：猪肋排 500 克。

配料：葱 10 克，姜 10 克，蒜 10 克。

调料：生抽 10 克，蜂蜜 5 克，大茴 5 克，桂皮 5 克，小茴 3 克，花椒 3 克，香叶 3 克，肉桂 3 克，盐 2 克，味精 2 克，料酒 10 克，糖色 2 克，冰糖 50 克，香油 3 克。

图 2.39 蜜汁排骨

工艺流程：

初加工→腌制→炸制→熬制→收汁装盘。

制作过程：

1．初加工

（1）将葱、姜去皮洗净。

（2）将大茴、桂皮、小茴、花椒、香叶、肉桂、葱、姜、蒜包成料包备用。

2．切配

（1）将猪肋排剁成长约 5 厘米的条备用。

（2）将葱、姜切片，蒜用刀拍一下。

3．腌制

将猪肋排用葱、姜、盐、味精、生抽、料酒抓拌腌制入味。

4．烹调

（1）在锅内加油烧至约 7 成热，下入猪肋排炸至金黄色捞出备用。

（2）在锅内加入清水、蜂蜜、冰糖、糖色烧开，加入猪肋排、料包大火烧开改小火煨至肋排熟透，收汁至浓稠，滴入香油出锅即可。

成品特点：

肉质香醇，香甜可口。

操作关键：

（1）要掌握猪肋排煨制火候，肉质不宜过老。

（2）煨制时要多次翻动，使猪肋排成熟度均匀，避免粘锅。

相关菜品：

用此菜的烹调方法还可以制作蜜汁五花肉、蜜汁大虾等菜品。

思考与练习：

（1）不同的烹调时间是否会影响猪肋排的口感？

（2）将此菜放凉冷藏后再食用有什么不同的口感？

[趣味阅读]

烹饪小常识

（1）烧肉不宜过早放盐：盐的主要成分是氯化钠，易使肉中的蛋白质发生凝固，使肉块收缩、肉质变硬且不易烧烂。

（2）油锅不宜烧得过旺：经常食用烧得过旺的油炸菜容易导致胃酸过低或胃溃疡，如不及时治疗还会发生癌变。

（3）肉、骨烧煮忌加冷水：肉、骨中含有大量的蛋白质和脂肪，烧煮中突然加冷水，汤汁温度骤然下降，蛋白质与脂肪即会迅速凝固，肉、骨的空隙也会骤然收缩而不易煮烂。而且肉、骨本身的鲜味也会受到影响。

（4）未煮透的黄豆不宜吃：黄豆中含有一种会妨碍人体中胰蛋白酶活动的物质。人们吃了未煮透的黄豆，对黄豆蛋白质难以消化和吸收，甚至会发生腹泻。而食用煮烂烧透的黄豆，则不会出问题。

（5）炒鸡蛋不宜放味精：鸡蛋本身含有与味精相同的成分——谷氨酸。因此，炒鸡蛋时没有必要再放味精，因为味精会破坏鸡蛋的天然鲜味。

模块检测

一、填空题

1．水作为传热介质，具有＿＿＿＿、＿＿＿＿、＿＿＿＿的优点。

2．水烹的主体技法是＿＿＿＿为主的，水烹的火候，比其他加热烹饪的火候，特别是油烹的火候较为容易掌握。

3．烩菜分为＿＿＿＿、＿＿＿＿、＿＿＿＿、＿＿＿＿、＿＿＿＿等各种做法。

4．"煮"是指将＿＿＿＿＿＿＿＿＿＿＿＿＿＿＿＿＿＿＿＿＿放入多量的汤汁中，先用旺火烧沸，再用中火或小火烧熟、调味成菜的烹调方法。

5．"煨"是指经＿＿＿＿＿＿＿＿＿＿＿＿＿＿＿＿＿＿＿的原料，加入汤汁用大火烧沸，撇去浮沫并放入调味品，加盖，用微火长时间加热成熟成菜的烹调方法，分为＿＿＿＿和＿＿＿＿。

6．烧菜的特点是＿＿＿＿，口感鲜香软嫩，＿＿＿＿，入口软糯，味道浓郁。干烧时，将原料炸或煎上色后，用中火烧，待汁自然收浓，或见油不见汁即成，在风味上有＿＿＿＿和＿＿＿＿的区别。

7．卤煮是以＿＿＿＿或＿＿＿＿等为调味料，把主料放在卤汁中煮熟的方法，适用于制作冷食。

8．＿＿＿＿：原料加酱油等有色调味料煨制成熟的技法。

9．＿＿＿＿：原料不加带色调味料煨制成熟的技法。成菜仍保持原料的本味，汤汁白浓。

二、选择题

1．制作鲍汁白玉萝卜采用的烹调方法是（　　　）。

A．炖　　　　　　　B．煨　　　　　　　C．煮　　　　　　　D．烩

2．制作川府毛血旺采用的烹调方法是（　　　）。

A．炖　　　　　　　B．煨　　　　　　　C．煮　　　　　　　D．烩

3．下列没有采用煮的烹调方法制作的菜品是（　　　）。

A．水煮肉片　　　　B．川府毛血旺　　　C．酸菜鱼　　　　　D．奶汤娃娃菜

4．下列采用煨的烹调方法制作的菜品是（　　　）。

A．水煮肉片　　　　B．鲍汁白玉萝卜　　C．酸菜鱼　　　　　D．奶汤娃娃菜

5．下列采用炖的烹调方法制作的菜品是（   ）。

A．水煮肉片　　　　　B．鲍汁白玉萝卜　　C．酸菜鱼　　　　　D．川贝熟梨盅

6．浓汤蟹黄鱼肚采用的烹调方法是（   ）。

A．炖　　　　　　　　B．煨　　　　　　　C．煮　　　　　　　D．烩

7．下列采用烧的烹调方法制作的菜品是（   ）。

A．水煮肉片　　　　　B．鲍汁白玉萝卜　　C．麻婆豆腐　　　　D．川贝熟梨盅

三、简答题

1．酸辣烩里脊的操作关键是什么？

2．烧分为几类？它们的操作要领各是什么？

3．水烹法中包括哪些常用的烹调方法？

模块3 油烹法

学习目标

素养目标

培养学生的食品安全意识、规范操作习惯、创新能力，使学生提高烹调水平，提升职业素养与综合能力。

知识目标

1. 了解油烹法的概念、种类、特点。

2. 了解油烹法的操作方法和菜例。

技能目标

1. 灵活掌握油温的控制及油烹的技巧。

2. 保持食材的口感，保留食材的营养价值。

模块导入

油烹法是一种常用的烹调方法，主要是通过油脂作为传热介质，将热能传递给烹调原料，使其成熟并形成各种风味和口感。油烹法包括多种不同的烹调方法，如炒、炸、熘、烹等。

在油烹法中，油的作用非常重要。不同种类的油有不同的烟点和适用范围，因此，选择合适的油是油烹法的基础。常用的油有植物油、动物油等。

除了选择合适的油外，掌握油温也是油烹法的基础。不同的烹调方法和菜肴需要不同的油温，过高的油温会使食材变得焦煳，过低的油温则会使食材变得油腻或不熟。因此，使用油烹法时，需要灵活掌握油温，根据实际情况进行调整。

此外，掌握火候也是油烹法的基础。火候是指火力的大小和加热时间的长短，不同的火候会影响菜肴的口感和风味。大家需要根据实际情况选择合适的火候。

总之，油烹法是一种重要的烹调方法，其可以通过掌握油温、选择合适的油、灵活调整火候等要点制出色、香、味俱佳的菜肴。

油烹法的概念
和种类（一）

油烹法的概念
和种类（二）

单元① 炒

[情境导入]

从宋朝之后油在烹饪中的使用开始普及。有了油，才开始有了"炒"这种烹饪技法。相比于从远古时代便开始的火烤，以及陶器发明后出现的水煮，"炒"确实属于"晚辈"。不过，这个"晚辈"成长得很快，"炒"已经成为大多数家庭厨房里最常用的烹饪技法。而拥有大炉灶和旺火力的餐厅厨房，更是把"炒"快速成菜、质嫩爽口的精髓发挥到了极致。

[相关知识]

"炒"是一种常用的烹饪方法，其特点是用油作为传热介质将食材炒熟或炒香。

分类："炒"分为生炒和熟炒。生炒是指将生的食材放入锅中，通过翻炒使其熟透；而熟炒则是指将已经加工成熟的食材放入锅中，通过翻炒使其热透或达到一定的熟度。

火候：火候是"炒"的关键因素之一。大火快炒可以保持食材嫩滑的口感和原有的色泽，而中、小火慢炒则可以更好地控制食材的熟度和口感。

油温：油温是"炒"的重要因素之一。不同的食材需要不同的油温。一般来说，高温快炒适用于易熟的食材，而低温慢炒则适用于不易熟的食材。

翻炒技巧：在炒的过程中，要注意翻炒技巧。通过不断地翻炒，可以使食材均匀受热，防止焦煳。同时，还可以通过翻、抛、颠等技巧使食材更加松散和脆嫩。

佐料和调味：在炒的过程中，可以根据需要加入适量的佐料和调味料，如葱、姜、蒜、辣椒等，以增加菜肴的香味和口感。

适用范围："炒"适用于各种食材，如蔬菜、肉类、海鲜等，可以根据不同的食材和烹饪需求选择不同的翻炒方式，以达到最佳的烹饪效果。

总之，"炒"是一种非常灵活的烹饪方法，可以根据实际情况调整。大家只要掌握好火候、油温、翻炒技巧等要点，便可以制作出美味的菜品。

[菜例]

一、宫保鸡丁

图 3.1　宫保鸡丁

宫保鸡丁如图 3.1 所示。

烹调方法：爆炒。

菜品味型：咸鲜微辣。

食材原料：

主料：鸡胸肉 350 克。

配料：花生米 60 克，鸡蛋 1 个，大葱 30 克，姜、蒜各 10 克，鲜青、红椒各 10 克。

调料：色拉油 500 克（约耗 20 克），生抽 15 克，老抽 3 克，陈醋 15 克，盐 3 克，味精 3 克，白糖 15 克，料酒 10 克，干红椒 3 克，辣椒油 5 克，花椒油 5 克，湿淀粉 10 克。

工艺流程：

初加工→刀工处理→上浆→兑汁→烹调→出锅装盘。

制作过程：

1．初加工

（1）将葱、姜、蒜去皮洗净，青、红椒去蒂洗净。

（2）将花生米炸熟、去皮。

2．切配

（1）将鸡胸肉切成约 1 厘米见方的块，葱切成约 0.7 厘米的丁。

（2）将姜切末，蒜切片，鲜青、红椒切成约 1 厘米见方的丁，干红椒切丁。

3．上浆

把鸡胸肉放入盐、味精、料酒、蛋清、老抽、湿淀粉抓匀，再加入少许色拉油抓拌均匀备用。

4．兑汁

在碗内加入盐、白糖、陈醋、生抽、清水、湿淀粉，调成汁备用。

5．烹调

（1）在锅内倒入色拉油烧至约 4 成热，下入鸡丁划散，在约 8 成熟时倒入漏勺控油。

（2）在锅内留油并烧热，加入干红椒、姜、蒜，爆出香味，再加入葱丁、鲜青椒丁、鲜红椒丁略炒，再加入鸡丁，烹入调好的味汁快速翻炒均匀，加入花生米，淋入花椒油、辣椒油出锅即可。

成品特点：

色泽红郁，滑嫩适口，咸鲜微麻辣，略甜有醋香。

操作关键：

（1）炒制鸡丁时速度要快，以免肉质过老。

（2）花生米要在菜起锅前下锅，若时间过长，会使口感不够酥脆。

相关菜品：

用此菜的烹调方法还可以制作爆炒鸡丁、辣爆鱼仁、酱爆里脊等菜品。

思考与练习：

（1）滑油时需要注意什么问题？

（2）为什么要急火快炒？

（3）花生米为什么要在菜起锅前下锅？

[趣味阅读]

宫保鸡丁的由来

如今，"宫保鸡丁"这道菜可谓再平常不过。然而，有些菜单上却将其写成了"宫爆鸡丁"，这是因为有人误认为其烹制方法为"爆炒"，说明这些人没有明白"宫保鸡丁"的由来。

说到"宫保鸡丁"，当然不能不提它的发明者——丁宝桢。据《清史稿》记载：丁宝桢，字稚璜，贵州平远（今织金）人，光绪二年（1876年）任四川总督。据传，丁宝桢对烹饪颇有研究，喜欢吃鸡肉和花生米，尤其喜爱辣味。他出任四川总督之时创制了一道将鸡丁、红辣椒、花生米一起爆炒而成的美味佳肴。这道菜本来只是丁家的"私房菜"，但后来越传越广，人尽皆知，但是知道它为什么被命名为"宫保"的人就不多了。

"宫保"是丁宝桢的荣誉官衔。据《中国历代职官词典》中的解释，明清两代各级官员都有"虚衔"。例如，最高级的虚衔有封给朝中重臣的"太师、少师、太傅、少傅、太保、少保、太子太师、太子少师、太子太傅、太子少傅、太子太保和太子少保"。还有死后追赠的"宫衔"。在咸丰以后，这些虚衔不再用"某某师"而多用"某某保"，所以这些最高级的虚衔又有了一个别称——"宫保"。丁宝桢治蜀十年，为官刚正不阿，多有建树。朝廷追赠他为"太子太保"。正如上文所说，"太子太保"是"宫保"之一，于是他发明的菜便得名"宫保鸡丁"。

二、小炒羊肉

小炒羊肉如图 3.2 所示。

小炒羊肉

烹调方法：炒。

菜品味型：咸鲜辣香。

食材原料：

主料：带皮羊肉 250 克。

配料：蒜 10 克，青椒 20 克，美人椒 20 克，香菜 20 克。

调料：色拉油 30 克，精盐 2 克，味精 2 克，生抽 15 克，老抽 3 克，白糖 10 克，干红椒 5 克，花椒油 5 克，辣椒油 10 克，香油 2 克。

图 3.2　小炒羊肉

工艺流程：

初加工→刀工处理→腌制→烹调→成菜装盘。

制作过程：

1．初加工

（1）将蒜去皮，洗净；香菜去叶、根，洗净；青椒、美人椒去蒂，洗净。

（2）将羊肉内的小骨剔除干净，留肉待用。

2．切配

（1）将蒜切片，青椒、美人椒、干红椒切丝，香菜切段。

（2）将羊肉切成约 0.3 厘米厚的片（长约 4 厘米、宽约 3 厘米）。

3．腌制

在羊肉中加入精盐、味精、白糖、生抽、老抽并抓拌均匀。

4．烹调

在锅内加入色拉油烧热，加入蒜片、干红椒爆香，加入羊肉煸炒至熟，再加入青椒、美人椒略翻炒均匀，淋入花椒油、辣椒油、香油，撒上香菜段，翻炒均匀后出锅即可。

成品特点：

色泽红郁，咸鲜香辣，羊肉香嫩。

操作关键：

（1）羊肉的碎骨要剔除干净，切片要均匀。

（2）加入配料后，略翻炒断生即可。

相关菜品：

用此菜的烹调方法还可以制作小炒黑猪肉、辣炒兔肉等菜品。

思考与练习：

（1）羊肉为什么要提前腌制？

（2）此菜的操作技法与滑炒有什么区别？

[趣味阅读]

羊肉的选择及烹调技巧

羊肉是三大家畜肉类之一。羊分为绵羊、山羊两大类。

（1）绵羊。臀部肌肉发达，尾部略呈圆形，且储有大量脂肪。肉质坚实，颜色暗红，肌肉纤维细而软，肌间脂肪较少。经育肥的绵羊，肌间有白色脂肪，硬而且脆。绵羊肉及脂肪的膻味较轻，烹调后味道醇香。

（2）山羊。体型比绵羊小，皮质厚，肉呈较淡的暗红色，年龄越大肉色越深，皮下脂肪较少，腹部脂肪较多。山羊肉及脂肪均有明显的膻味。

如果羊肉的膻味较大，在炖制羊肉汤时可加入香菜、青蒜等，既能消除羊肉的膻气又能增加清香味。在炖羊肉时可加入适量的白萝卜或绿豆。在烹制羊肉菜肴时加入适量白酒、醋等，可以起到去膻的作用。

三、沂蒙炒鸡

沂蒙炒鸡

沂蒙炒鸡如图 3.3 所示。

烹调方法：炒。

菜品味型：咸鲜香辣。

食材原料：

主料：草鸡 800 克。

配料：杭椒、小米椒各 80 克，大葱 100 克，姜、蒜各 5 克。

调料：色拉油 100 克，八角 2 个，白芷 2 克，花

图 3.3　沂蒙炒鸡

椒 10 克，盐 3 克，味精 2 克，白糖 5 克，干红椒 5 克，甜面酱 50 克，生抽 10 克，老抽 3 克，料酒 8 克，香油 5 克，清汤 30 克。

工艺流程：

初加工→刀工处理→烹调→成菜装盘。

制作过程：

1．初加工

（1）将草鸡杀好去除内脏，清洗干净。

（2）将葱、姜、蒜去皮，洗净；杭椒、小米椒去蒂，洗净。

2．切配

（1）将草鸡剁成劈柴块。

（2）将姜、蒜切片，干红椒切段，杭椒、小米椒和大葱切成段。

3．烹调

在锅内加入色拉油烧热，加入姜片炸出香味，加入八角、白芷、花椒炒出香味，下入鸡块煸炒至7成熟，加入甜面酱、老抽炒制上色，加入干红椒、姜、蒜略炒，再加入料酒、生抽、白糖略煸炒后，然后加入清汤收至汤汁浓稠，加入盐、味精调味，加入杭椒、小米椒和大葱翻炒均匀，淋入香油出锅即可。

成品特点：

口味咸鲜香辣，鸡肉香嫩。

操作关键：

（1）鸡块不要剁太大，否则不易熟透。

（2）注意下料顺序，否则影响气味和口感。

（3）汤汁要把握量和浓稠度。

相关菜品：

用此菜的烹调方法还可以制作辣炒甲鱼、辣炒兔块等菜品。

思考与练习：

（1）简述制作辣炒草鸡和干煸草鸡有什么区别？

（2）不同质地的鸡在烹调技法上有什么区别？

（3）炒鸡为什么可以不提芡？

［ 趣味阅读 ］

制作菜肴的火候

火候是中式烹饪中的重要概念，它涉及火力的大小、烹饪技法及原料的性质。以下是火候对菜肴的影响。

（1）小火：适用于质地老硬韧的主料，如炖牛肉，牛肉块大，需要用小火长时间烹调，以便使牛肉纤维逐渐伸展，达到内外熟透的效果。

（2）中火：适用于炸制菜肴，如香酥鸡、红烧鱼，炸制时使用中火可以防止原料外部焦煳而内部未熟。

（3）大火：适用于炒、爆、涮等烹饪方式，如葱爆羊肉或涮羊肉，大火能使主料迅速受热，纤维急剧收缩，保持肉质嫩滑。

此外，掌握火候还需要考虑原料的数量和形状，数量少时火力相对要减弱，而整体形状大的原料需要使用更长的时间来烹调。

四、银牙鸡丝

银牙鸡丝如图 3.4 所示。

烹调方法：滑炒。

菜品味型：咸鲜。

银牙鸡丝

食材原料：

主料：鸡脯肉 200 克。

配料：掐菜 100 克，葱、姜各 2 克，青、红椒各 5 克，鸡蛋 1 个。

调料：色拉油 500 克（约耗 30 克），盐 3 克，味精 3 克，料酒 3 克，香油 3 克，湿淀粉 10 克。

图 3.4　银牙鸡丝

工艺流程：

初加工→刀工处理→兑汁→烹调→成菜装盘。

制作过程：

1．初加工

将葱、姜、掐菜洗净，青、红椒去蒂择洗干净。

2．切配

（1）将葱、姜切细丝，青、红椒切丝。

（2）把鸡脯肉切成长约 6 厘米、粗约 0.2 厘米的丝，放入碗内加入少许盐、料酒、湿淀粉、鸡蛋清上浆再加入色拉油抓匀备用。

3．兑汁

把精盐、味精、湿淀粉加入清水中搅拌均匀调成味汁。

4．烹调

（1）在锅内加入色拉油烧至约 4 成热，下入鸡丝划散，倒入漏勺内控油。

（2）在锅内留油加入葱姜丝爆出香味，加入掐菜、青、红椒丝略炒，再把鸡丝下锅翻炒均匀，淋入调好的味汁并颠翻均匀，再淋入香油出锅即可。

成品特点：

口感滑嫩，色泽洁白，咸鲜适口。

操作关键：

（1）滑油的温度在4成热即可。

（2）油内下入鸡丝后要暂时离火，以免锅底温度过高而粘在锅底。

（3）鸡丝在锅内的翻炒时间要短，否则便会由于肉质过老而口感不滑嫩。

相关菜品：

用此菜的烹调方法还可以制作滑炒肉丝、滑炒鱼丝、滑炒鸡丝等菜品。

思考与练习

（1）制作银牙鸡丝时应注意什么问题？

（2）鸡丝如何才能保持滑嫩？

（3）为什么要先用油滑锅？

[趣味阅读]

家禽开膛取内脏的方法

使用开膛取内脏的方法时可视家禽原料的用途和烹调的要求而定。常用的开膛取内脏的方法有三种，即腹开法、背开法和肋开法。

（1）腹开法。先在家禽颈右侧的脊椎骨处开一个口，取出嗉囊；然后在胸骨以下的软腹处（肛门与肚皮之间）开一条长5～6厘米的刀口，由此处取出内脏，最后将家禽冲洗干净即可。腹开法适用范围广泛，凡加工形状为块、片、丝、丁、茸均可采用。

（2）背开法。先从家禽的脊背处剖开取出内脏，然后将家禽冲洗干净即可。背开法适用于整形菜品的制作，如"清蒸鸡""红扒鸡"。对于用整只家禽制作的菜品，装盘时均应腹部朝上。采用此法取内脏后加工制作成的菜肴既易于入味，又可使家禽腹部显得丰满。

（3）肋开法。先在家禽的右肋（翅膀）下开一个口，然后从刀口处将内脏取出；同时，还要取出嗉囊，最后将家禽冲洗干净即可。肋开法主要适用于"烤鸡""烤鸭"的制作，可以使家禽在烤制时不致漏油，烹调后的口味更加鲜美，还能保持形态完整。

无论采用哪种方法，操作时均应注意不要碰破家禽的胆囊。家禽的胆囊苦味较重，破碎后易污染禽肉，使其因沾染胆汁而带上苦味，从而影响菜肴的口感。

五、鱼香肉丝

鱼香肉丝

鱼香肉丝如图 3.5 所示。

烹调方法：滑炒。

菜品味型：鱼香味（复合味型）。

食材原料：

主料：猪里脊肉 300 克。

配料：竹笋 150 克，胡萝卜 20 克，香菜 20 克，木耳 20 克，鸡蛋 1 个，葱、姜、蒜各 15 克。

调料：色拉油 500 克（约耗 30 克），辣椒酱 40 克，陈醋 30 克，白醋 5 克，白糖 15 克，盐 3 克，料酒 5 克，生抽 8 克，老抽 5 克，湿淀粉 10 克，香油 3 克。

工艺流程：

初加工→刀工处理→兑汁→烹调→成菜装盘。

图 3.5　鱼香肉丝

制作过程：

1. 初加工

（1）将胡萝卜去除外皮，洗净。

（2）将香菜去根和大叶，葱、姜、蒜去皮，洗净。

（3）将木耳用温水泡发，洗净。

2. 切配

（1）将里脊肉切成长约 6 厘米、粗约 0.3 厘米的丝，放入碗内加入湿淀粉、鸡蛋清抓拌均匀，再加入色拉油抓匀备用。

（2）将竹笋、胡萝卜、木耳切丝，香菜切段。

（3）将葱、姜、蒜切末。

3. 兑汁

将生抽、老抽、陈醋、白醋、料酒、白糖、盐、香油、湿淀粉、清水放入碗中，调成味汁备用。

4. 烹调

（1）在锅内放入色拉油烧至约 4 成热，放入肉丝滑散，倒入漏勺控油。

（2）在锅内留油，加入葱、姜、蒜、辣椒酱炒香，放入笋丝、胡萝卜丝、木耳丝略炒，再加入肉丝，边翻炒边倒入味汁并颠翻均匀，再放入香菜，翻匀后出锅即可。

成品特点：

色泽红郁，入口滑嫩，咸甜酸辣兼备。

操作关键：

（1）里脊肉丝要切得粗细均匀、长短一致，不连刀。

（2）滑油温度不宜过高，约 4 成热即可。

相关菜品：

用此菜的烹调方法还可以制作鱼香茄子、鱼香鸡丝等菜品。

思考与练习：

（1）本菜品中的鱼香味是怎样产生的？

（2）滑油时应如何避免粘锅？

[趣味阅读]

鱼香肉丝的典故

相传，在很久以前，四川有一户生意人家很喜欢吃鱼，对调味也很讲究，所以他们在烧鱼的时候都要放一些去腥增味的调料（如葱、姜、蒜、酒、醋、酱油等）。

有一天晚上，这个家中的女主人在炒菜的时候为了不浪费配料，把上次烧鱼时剩下的配料都放在菜中一起炒。当时，她还担心这道菜可能口感不是很好，可能丈夫回来后不好交代。正在发呆之际，她丈夫回来了。

不知是肚饥之故还是感觉这碗菜很特别，还没等开饭，他就用手抓起放进嘴里，吃完后，迫不及待地问老婆此菜是用什么方法做的。她支支吾吾，丈夫却连连称赞菜十分美味，见她没回答，又问了一遍："这么好吃的菜是用什么做的？"就这样，老婆才一五一十地告诉他是用烧鱼的配料来炒和了其他菜肴做的。"鱼香炒"便因此而得名。

"鱼香炒"经过若干年的改进，被列入四川菜谱，还如鱼香猪肝、鱼香肉丝、鱼香茄子和鱼香三丝等美味菜肴。如今因此菜风味独特，受到各地百姓的欢迎。在了解鱼香肉丝名称的由来后，我们可以知道，这道菜里是没有鱼的，只有鱼的香气。

六、茄子炒扇贝

茄子炒扇贝如图 3.6 所示。

烹调方法：炒。

菜品味型：咸鲜香。

食材原料：

茄子炒扇贝

主料：茄子 500 克，鲜扇贝肉 200 克。

配料：鲜青、红椒各 10 克，葱、姜各 6 克，洋葱 5 克，香菜 4 克。

调料：色拉油 2 000 克（实耗 50 克），精盐 2 克，辣鲜汁 5 克，生抽 3 克，白糖 3 克，湿淀粉 2 克。

图 3.6　茄子炒扇贝

工艺流程：

初加工→刀工处理→烹调→装盘。

制作过程：

1. 初加工

将香菜去根、叶，洗净；青、红椒去蒂，洗净；葱、姜去皮，洗净。

2. 切配

将茄子切成长约 6 厘米、粗约 0.5 厘米的条，洋葱切条，青、红椒切丝，香菜切段。

3. 烹调

（1）在锅内加入色拉油，烧至约 8 成热时放入茄子，将其炸至熟透后捞出控油。

（2）另起锅，加入色拉油烧热，将葱、姜爆香，加入扇贝略炒，加入辣鲜汁、生抽、白糖、精盐、洋葱、青椒、红椒略炒，加入茄子煸炒均匀，再用湿淀粉勾芡，撒上香菜段出锅即可。

成品特点：

咸鲜适口。

操作关键：

（1）炸制茄子时的温度要略高一些（约 200 ℃）。

（2）炒制速度要快。

相关菜品：

用此菜的烹调方法还可以制作春笋炒肉丝、红烧茄子等菜品。

思考与练习：

（1）为什么炸制茄子时的温度要略高一些？

（2）为什么要先把扇贝炒一下？

[趣味阅读]

烹制菜肴何时放盐

很多人在炒菜、炖汤时，不知道在什么时候放盐合适。

（1）炒绿叶蔬菜时，一定要起锅前放盐，可以避免蔬菜中的水分大量流失。

（2）炒一些比较硬的蔬菜或者炒肉时，可以中途放一半盐，这样可以使蔬菜提前入味。

（3）炖汤时，建议等汤炖熟后再放盐，这样做能最大限度地保留肉的鲜味。

单元2　炸

[情境导入]

战国早期已经出现了油炸食物，但百姓是很难吃到的，因为那时候油的产量很少。当时，烹饪用的油基本上是动物油，因为那时的人们还不会提炼植物油。当时，制作油炸食物一般使用牛、羊的油，而牛羊油数量有限，除了特别有钱的人家，绝大多数百姓不敢奢望用油炸食物。

[相关知识]

"炸"是将经过加工处理后的烹饪原料，调味，挂糊或不挂糊，放入具有一定温度的大油量热油锅中，使原料成熟并达到质感要求的烹调方法。

分类：炸分为清炸、干炸、软炸、酥炸、板炸等。

（1）清炸是指不挂糊炸。

（2）干炸是指将加工成形的原料调味后挂上淀粉糊或全蛋糊，并在热油锅中炸制成熟的烹调技法，一般需要复炸，如干炸里脊。

（3）软炸是指将剞花刀后的烹饪原料，经过改刀、调味、挂蛋清糊，放入热油锅中用急火加热成熟的烹调技法，如软炸腰花。

（4）酥炸是指将加工成形的烹饪原料在调味后挂"酥糊"，放入热油锅中用急火加热成熟的烹调技法，如酥炸蹄筋。

（5）板炸是指将加工成形的原料调味，依次"过三关"，即蘸匀干面粉、拖上全蛋液、裹上面包渣，放入温油锅中炸制成熟的烹调技法。

除此之外，还有一些特殊的炸法，如卷包炸、油淋、油泼等。

火候：大火、急火。

油温：中油温或高油温，根据菜肴的烹调要求或质地不同来选择。

适用范围：一般适用于鸡肉、鸭肉、鱼肉等的烹饪。

总之，"炸"是烹调方法中的一个重要技法，应用的范围很广，既可以单独使用，也可配合其他烹调方法使用。虽然"炸"的技法用油量较大，但实际耗油量并不高。在炸制过程中，不管原料体积多大，都必须用足够的油将其淹没。

[菜例]

一、桂花山药

桂花山药如图 3.7 所示。

桂花山药

烹调方法：炸。

菜品味型：香甜。

食材原料：

主料：山药 500 克。

调料： 色拉油 1 500 克（实耗 30 克）， 蜂蜜 40 克，桂花酱 40 克，脆炸粉 100 克，焦糖色 1 克，湿淀粉 20 克。

图 3.7　桂花山药

工艺流程：

初加工→刀工处理→烹调→成菜装盘→浇汁。

制作过程：

1．初加工

（1）将山药去皮。

（2）将脆炸粉加入清水抓拌均匀，再加入色拉油抓拌均匀并调成糊备用。

2．切配

将山药均匀切成厚约 0.5 厘米的斜刀片。

3．烹调

（1）把山药片放入脆炸糊内抓拌均匀。

（2）在锅内加入色拉油，烧至约 7 成热，下入山药并炸至金黄色，捞出控油摆入盘中。

4．浇汁

在锅内加入清水、蜂蜜、桂花酱熬制焦糖色，再用湿淀粉勾芡亮油后浇在山药上即可。

成品特点：

色泽金黄，口味香甜，有浓郁的桂花香。

操作关键：

（1）给山药切片时，厚薄要均匀。

（2）熬汁时掌握好稀稠度。

相关菜品：

用此菜的烹调方法还可以制作蜜汁山药、蓝莓土豆泥等菜品。

思考与练习：

（1）制作浇汁时为什么要提芡亮油？

（2）应如何掌握油温？

[趣味阅读]

桂花酱

桂花酱（图3.8）是用鲜桂花、白砂糖和少许盐加工而成，广泛用于汤圆、麻饼、糕点、蜜饯、甜羹等糕饼和点心的辅助原料，也可作为菜肴调味之用，色美味香。

一般人群均可食用桂花酱，但是体质偏热者慎食。

图3.8 桂花酱

二、炸茄盒

炸茄盒

炸茄盒如图3.9所示。

烹调方法： 炸。

菜品味型： 咸鲜香酥。

食材原料：

主料：茄子400克。

配料：猪肉100克，鸡蛋2个，葱、姜各10克。

调料：色拉油700克（实耗80克），面粉20克，淀粉60克，泡打粉2克，五香粉2克，盐3克，味精2克，椒盐15克，胡椒粉8克，生抽5克，料酒15克。

图3.9 炸茄盒

工艺流程：

初加工→刀工处理→制馅→制生胚→制糊→烹调→成菜装盘。

制作过程：

1．初加工

（1）将茄子洗净。

（2）将葱、姜去皮洗净。

2．切配

（1）将茄子切成夹刀片，猪肉剁碎。

（2）将葱、姜切末。

3．制馅

将剁好的猪肉放入碗内，加入料酒、生抽、五香粉、胡椒粉、盐、味精，然后沿着一个方向搅拌，分次加入适量清水，搅拌至清水完全被肉馅吸收，放入葱、姜拌匀即可调成肉馅。

4．制生胚

将茄夹中抹上一层淀粉，再将肉馅填入其中，制成生胚。

5．制糊

将鸡蛋打散，加入面粉、淀粉、泡打粉、适量清水调成糊，对于面糊的稀稠度，以用勺倒下刚好流下为标准。

6．烹调

在锅内加入色拉油，烧至约 6 成热，把茄夹裹上面糊逐个下入锅内炸熟并捞出，待油温升至约 8 成热时复炸，至茄盒表面呈金黄色时捞出沥油装盘，在旁边撒上椒盐即可。

成品特点：

外焦里嫩，鲜香适口。

操作关键：

（1）掌握制糊的稀稠度。

（2）掌握初炸和复炸的油温及时间。

相关菜品：

用此菜的烹调方法还可以制作炸藕盒、灌肉辣椒等菜品。

思考与练习：

（1）炸制菜品时应如何控制油温？

（2）制馅时为什么要分次加水？

[趣味阅读]

如何辨别油温

炸制的菜肴一般用油量较大，需要从油受热后在锅中的状态与变化来判断油温的高低。一般认为：3～4 成热的低温油为 90～120 ℃，此时油面泛白泡，但未冒烟。5～6 成热的中温油为 150～180 ℃，此时油面翻动，青烟微起。7～8 成热的高温油为 200～240 ℃，此时油面转平静，青烟直冒。不同油类的发烟有一定的差异。

三、酥炸河虾

酥炸河虾

酥炸河虾如图 3.10 所示。

烹调方法：炸。

菜品味型：咸香酥脆。

食材原料：

主料：野生大河活虾。

配料：面粉 5 克。

调料：色拉油 1 500 克（实耗约 15 克），盐 3 克，椒盐 20 克。

图 3.10　酥炸河虾

工艺流程：

初加工→炸制→成菜装盘。

制作过程：

1．初加工

将河虾头部的硬壳摘掉并洗净放入漏勺控水，撒入盐并拌匀，使其入味，再撒入面粉拌匀。

2．烹调

锅内加入色拉油烧至 9 成热时，快速倒入河虾炸至外表酥脆金黄色捞出，沥净油后装盘，随带椒盐上桌即可。

成品特点：

咸香酥脆，造型美观。

操作关键：

（1）摘河虾时不要将河虾的钳弄掉，否则影响美感。

（2）炸制时油温要高，否则河虾外表不够酥脆且易吸入过多的油。

相关菜品：

用此菜的烹调方法还可以制作酥炸全蝎、酥炸牛蒡等菜品。

思考与练习：

（1）为什么炸制此菜时的油温要高？

（2）炸制河虾时为什么要放入少许面粉？

[趣味阅读]

海虾与淡水虾

虾在大类分为海虾和淡水虾，细分起来又有各种品种（图 3.11）。海虾和淡水虾的区别主要体现在营养价值不同、肉质不同、口感不同、蛋白质含量不同、适合人群不同等方面。

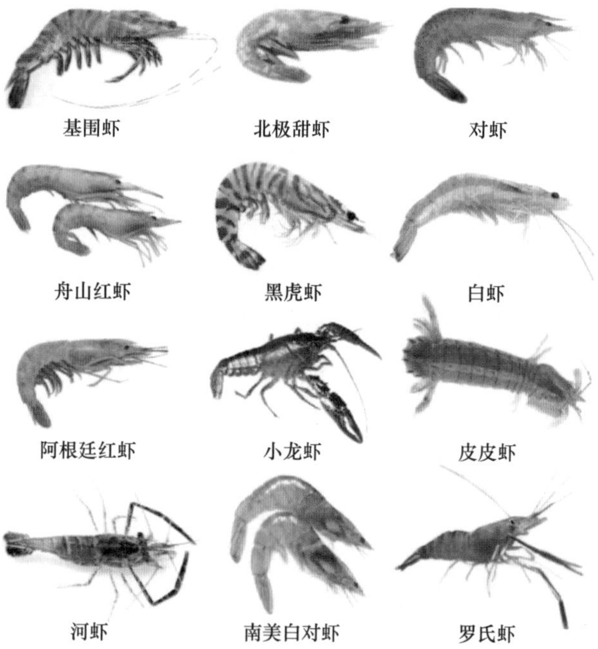

1．营养价值不同

海虾的营养价值比较高，其中含有丰富的优质蛋白、氨基酸、维生素、矿物质等营养成分。而淡水虾的营养价值比较低，主要含有蛋白质、脂肪、维生素等营养物质。

2．肉质不同

海虾的肉质比较细腻，脂肪含量较低。而淡水虾的肉质比较紧致，脂肪含量较高。

基围虾	北极甜虾	对虾
舟山红虾	黑虎虾	白虾
阿根廷红虾	小龙虾	皮皮虾
河虾	南美白对虾	罗氏虾

图 3.11　虾的不同种类

3．口感不同

海虾的口感比较松软，容易咀嚼，而且味道鲜美；淡水虾的口感比较硬，不容易咀嚼。

4．蛋白质含量不同

海虾中含有丰富的蛋白质，而淡水虾中含有的蛋白质比较少。

5．适合的人群不同

容易过敏的人群一般不建议食用海虾，以免引起过敏反应，出现皮疹、瘙痒等症状。至于淡水虾，一般人群均可食用，不仅可以补充人体所需要的营养物质，还可以提高自身免疫力。

在日常生活中，食用海虾和淡水虾时不可过量，以免加重胃肠道的负担，从而引起腹胀、腹痛等症状。

椒盐鱿鱼条

四、椒盐鱿鱼条

椒盐鱿鱼条如图 3.12 所示。

烹调方法：炸。

菜品味型：咸鲜酥香，椒香浓郁。

食材原料：

主料：鱿鱼 200 克。

配料：葱、姜各 15 克。

调料：色拉油 800 克（约耗 40 克），盐 3 克，料
酒 3 克，味精 2 克，脆炸粉 100 克，椒盐 10 克。

图 3.12　椒盐鱿鱼条

工艺流程：

初加工→刀工处理→腌制→调糊→烹调→成菜装盘。

制作过程：

1．初加工

（1）将鱿鱼去皮、去内脏，摘洗干净。

（2）将葱、姜去皮洗净。

2．切配

将鱿鱼切成长约 7 厘米、宽约 1 厘米的条状，葱、姜切片。

3．腌制

将鱿鱼条放入碗内加盐、料酒、味精、葱、姜抓匀腌制约 10 分钟。

4．调糊

将脆炸粉加入适量清水、5 克色拉油调成糊，把鱿鱼条放入糊内抓拌均匀。

5．烹调

（1）锅内加入色拉油烧至 8 成热，逐一下入鱿鱼条炸至酥脆捞出控油。

（2）在漏勺内边翻边均匀撒入椒盐装盘即可（注：也可以另配椒盐上桌）。

成品特点：

色泽金黄，外脆里嫩，有椒盐的香味。

操作关键：

（1）调糊不要过稀，以免使鱿鱼条挂糊过少。

（2）过油后需复炸一次。

相关菜品：

用此菜的烹调方法还可以制作干炸里脊、酥炸鱼柳、脆皮炸虾仁等菜品。

思考与练习

（1）为什么此菜需要复炸？

（2）脆炸和软炸有什么区别？

（3）复炸的油温大约是多少摄氏度？

[趣味阅读]

干鱿鱼的涨发方法

干鱿鱼一般采用碱水发、碱面发两种。

（1）碱水发。将干鱿鱼（或墨鱼）放入冷水中浸泡至软，撕掉外层衣膜（里面一层衣膜不能掉）和角质内壳（半透明的角质片），将头腕部位与鱼体分开，放入生碱水或熟碱水中浸泡 8～12 小时便可发透。

如涨发不透可继续浸泡至透，然后用冷水冲洗四五次，再放入冷水盆中浸泡备用。

（2）碱面发。将鱿鱼（或墨鱼）用冷水浸泡至软，除去头骨等，只留部分身体。按烹调要求剞上花刀或片，改成小形状，滚匀碱面，放在容器内置于阴凉干燥处，经 8 小时即可取出，然后用开水冲烫至涨发，再漂去碱味即可使用。另外，也可以将蘸碱面的鱿鱼存放 7～10 天，随用随取，漂去残留的碱即可。用碱泡发的时间不能过长，以免由于腐蚀鱼体而影响质量。当鱿鱼呈淡红色或粉红色且肉质具有一定的弹性时即为发透。

五、香酥炸牛蒡

香酥炸牛蒡如图 3.13 所示。

烹调方法： 炸。

菜品味型： 香酥。

食材原料：

主料：牛蒡 150 克。

配料：特细玉米面 1 500 克，面粉 750 克，淀粉 750 克，熟白芝麻 10 克。

调料：白糖 30 克。

图 3.13　香酥炸牛蒡

工艺流程：

初加工→刀工处理→煮制→炸制→出锅成菜。

制作过程：

1．初加工

（1）将牛蒡洗净去皮。

（2）将面粉、淀粉、特细玉米面按 1 ∶ 2 ∶ 3 的比例拌匀。

2．切配

先将牛蒡改成长约 20 厘米的段后，再将其切成长 20 厘米、厚 0.2 厘米的片。

3．烹调

（1）在锅内加水、白糖烧开，加入切好的牛蒡片煮透后捞出，把水控干净。

（2）把牛蒡片拍上芝麻和调好的粉，拍匀控净。

（3）另起锅加油烧至 4 ～ 5 成热，将牛蒡片加入油锅内，用小火慢慢炸至酥透，使其呈金黄色，捞出装盘后，在上面撒一些熟白芝麻。

成品特点：

色泽金黄，香酥可口。

操作关键：

（1）炸牛蒡片时粉拍好后要把多余的控净。

（2）要用小火慢慢炸，勤翻动，待炸透后再上色口感最佳。

相关菜品：

用此菜的烹调方法还可以制作酥炸鱼片、炸薯片等菜品。

思考与练习：

（1）为什么炸制时的油温不能太高？

（2）为什么牛蒡片要煮一下？

[趣味阅读]

牛蒡的功效与作用

　　牛蒡（图 3.14）又称东洋参、东洋牛鞭菜，它的根肉质肥大，可供食用的。牛蒡的叶柄和嫩叶也可以食用，肉质比较细嫩香脆，而且具有丰富的营养价值。牛蒡全身都是宝，富含菊糖、纤维素、蛋白质、钙、磷、铁等人体所需要的多种矿物质及氨基酸，特别是胡萝卜素。从中医的角度来看，

图 3.14　牛蒡

牛蒡有一定的滋阴作用，在常用于治疗糖尿病、高血压、高血脂等，同时它也可以提高人体的免疫功能，有一定的抗癌作用，还可以在一定程度上缓解失眠。

六、香炸萝卜丸

香炸萝卜丸如图3.15所示。

烹调方法：炸。

菜品味型：咸鲜。

食材原料：

主料：青萝卜400克。

配料：鸡蛋1个，面粉60克。

调料：五香粉2克，味精2克，鸡汁2克，盐5克。

图3.15 香炸萝卜丸

工艺流程：

初加工→刀工处理→制糊→炸制→出锅成菜。

制作过程：

1．初加工

青萝卜洗净泥沙去皮。

2．切配

将洗好的青萝卜切成长约3厘米、宽约0.2厘米的丝，加盐腌制约20分钟，然后清水冲一下漏干水，用纱布把水分挤干备用。

3．制糊

将鸡蛋、五香粉、味精、鸡汁、盐与面粉一起搅匀，调制面糊备用。

4．烹调

（1）将萝卜丝放入糊内拌匀。

（2）在锅内放入油，烧至7成热，将丸子挤出下入并炸至淡黄色即可。

成品特点：

色泽金黄，香酥可口。

操作关键：

（1）炸制油温不要太高，否则颜色就会太深。

（2）挤出萝卜丸的大小要均匀。

相关菜品：

用此菜的烹调方法还可以制作炸鱼丸、酥炸鸡柳等菜品。

思考与练习：

（1）萝卜丝为什么要用盐腌一下？

（2）炸制油温为什么不要太高？

油炸食品保持酥脆的方法

（1）保持干燥。确保油炸食品在制作前后都是处在干燥的自然环境中，且自身也是干燥的。

（2）复炸。把油炸食品再放入油锅中，用大火热油复炸几分钟，捞出沥干即可。

（3）真空保存。把油炸食品使用真空袋保存起来，下次开启时也不会变软。

单元3　煎

[情境导入]

烹调技法的发展跟科技进步、器皿应用息息相关。因煤的使用，人们炼出了铜，铜器皿比陶罐烹饪的美食种类多，由于陶罐离开水就爆裂了，因此只能全民"海底捞"，而铜器能够干烧，于是人们就创新出了新的烹调技法——煎和炸。这两种烹饪方法始于商朝，在周朝时期有了些发展但仍发展缓慢，原因是铜很贵，很少有人用得起。由于春秋战国时期战争频发，需要耗用大量的铜来制兵器，冶炼业便迅速发展，铜制炊具开始在民间普及。

老子著名的"治大国，若烹小鲜"理论就反映了当时人们已经普遍用煎的方法来煮鱼。老子这句话的意思是：治理国家要像煮小鱼那样尽量少去动它，不然就煮坏了，即无为而治。

[相关知识]

"煎"是先把锅烧热，放入少量油，再把加工成形的原料（一般为片形或将加工成泥或颗粒的烹饪原料做成饼形）放入锅中，用小火煎制成熟的一种烹调方法。具体方法是先煎一面，再煎另一面，且在煎时要不停晃动锅，使原料受热均匀，色泽一致，将其煎至两面酥脆呈金黄色。

分类：干煎、酿煎、蛋煎等。

（1）干煎是指将烹饪原料改刀后，先加入调料拌渍，然后挂糊（或不挂糊），放入小油锅内，用慢火煎至两面金黄色并使之成熟的烹调技法。

（2）酿煎中的"酿"即"包"之意，是指把馅料包进时蔬里，再用小火煎制成熟的烹调技法。

（3）蛋煎是指先将肉料炒熟，再放入调好味的鸡蛋液内拌匀，然后用文火将肉料蛋浆底面煎至金黄色的烹调方法。

火候：微火、小火。

制品特点：色泽金黄，表酥脆、内软嫩，无汤汁。

适用范围：适用于猪肉、牛肉、鸡肉、鸭肉、鱼肉、虾肉、鸡蛋等原料。

总之，"煎"是中式料理中常用的一种烹调方法，适合较薄的食材。油量不用太多，食物表面会呈金黄色，味道甘香可口。注意，烹调时的油温不可太高，以避免烧焦。

[菜例]

一、香煎豆腐丸

香煎豆腐丸如图 3.16 所示。

烹调方法：煎。

菜品味型：咸鲜香嫩

食材原料：

主料：猪五花肉 200 克。

配料：豆腐 200 克，鸡蛋 1 个，葱、姜各 3 克。

调料：花生油 50 克，精盐 2 克，味精 2 克，生抽 15 克，料酒 3 克，白糖 2 克。

工艺流程：

初加工→刀工处理→制馅→烹调→成菜装盘。

制作过程：

1. 初加工

（1）将葱、姜去皮洗净并用手搓碎豆腐。

（2）将五花肉剁成肉馅。

香煎豆腐丸

图 3.16　香煎豆腐丸

2．切配

将葱、姜切成末。

3．制馅

在肉馅中加入葱、姜、豆腐、鸡蛋、盐、味精、生抽、料酒、白糖并抓拌均匀。

4．烹调

锅内加入花生油烧热，把肉馅挤成丸子，再双手轻轻按扁下入锅中，煎至熟透，两面金黄色时出锅即可。

成品特点：

色泽金黄，口感咸鲜香嫩，软嫩适口。

操作关键：

（1）在煎制丸子前要用油滑锅，防止粘锅。

（2）肉馅不要太细，否则口感会发硬。

（3）要保持丸子形状完整。

相关菜品：

用此菜的烹调方法还可以制作香煎牛肉丸、香椿煎蛋饼等菜品。

思考与练习：

（1）煎豆腐丸时，如何保持丸子的形状完整？

（2）制作肉馅时要注意什么问题？

（3）在煎丸子的基础上还可以做出什么变化吗？

[趣味阅读]

豆腐的种类

豆腐（图 3.17）是最常见的豆制品，是素食菜肴的主要原料，具有预防胆固醇升高、养胃益脾、清热润燥等功效。

豆腐分为南豆腐、北豆腐、内酯豆腐。

1．南豆腐

南豆腐就是我们平时常说的嫩豆腐，它是以黄豆为原料，以石膏液为成型剂制成的一种食品，质地细腻、柔软，因为很容易破碎，不易翻炒，多在煮汤、炖汤的时候使用。

2．北豆腐

北豆腐就是人们平常说的老豆腐，以黄豆、盐卤为主要材料制成，内部的水分相对于南豆腐而言比较少，因此质地更粗糙、更硬。这种豆腐适合用来煎炸、红烧。

（a） （b） （c）

图3.17　豆腐的种类
（a）南豆腐；（b）北豆腐；（c）内酯豆腐

3．内酯豆腐

内酯豆腐是一种比南豆腐还要细腻、光滑的豆腐，这种豆腐以葡萄糖酸内酯为凝固剂，由于表面过于光滑而难以入味，多用来制作凉拌菜，如皮蛋拌豆腐。

二、菠菜煎虾虎

菠菜煎虾虎

菠菜煎虾虎如图3.18所示。

烹调方法：煎。

菜品味型：咸鲜香醇。

食材原料：

主料：菠菜600克。

配料：鸡蛋3个，母虾虎10只。

调料：盐3克，鸡粉1克，干淀粉8克。

工艺流程：

初加工→刀工处理→煎制→成菜装盘。

图3.18　菠菜煎虾虎

制作过程：

1．初加工

（1）将菠菜洗净泥沙。

（2）先将虾虎煮熟，再用剪刀去头尾，剪掉身子的两侧，后半部分去壳取肉。

2．切配

将菠菜改刀成约5厘米长的段。

3．烹调

（1）先在锅内加水并烧热，再加入菠菜，焯水后沥干水分。

（2）将加工好的菠菜放在碗中，加入盐、鸡粉、干淀粉拌匀，放入鸡蛋抓匀。

（3）先将菠菜煎好一面，再将虾虎肉均匀地摆在菠菜上，然后煎另一面，煎至两面微黄出锅，最后改刀成长条，点缀装盘即可（每一个虾虎是一块）。

成品特点：

口味咸鲜清香，虾虎肉质鲜嫩。

操作关键：

（1）烫制菠菜时动作要快，要迅速回凉。

（2）煎制时要把握火候，及时翻面。

相关菜品：

用此菜的烹调方法还可以制作锅贴大黄鱼、香煎豆腐丸等菜品。

思考与练习：

（1）为什么烫制菠菜时要快速回凉？

（2）此菜与煎制其他原料的技法有什么不同？

[趣味阅读]

辨别公母虾虎

虾虎是人们生活中常吃的海鲜之一，它的别名有很多，不同地域的百姓对于皮皮虾的叫法也很多，如虾爬子、爬虾、皮皮虾、皮带虾、虾婆、虾公、弹虾、富贵虾、琵琶虾、虾皮弹虫等。但这么美味的海鲜很多人却不知道如何区分公母，下面我们一起学一学吧（图 3.19）！

母虾肉质比公虾厚，并且带有虾子，而母虾与公虾的最明显区别就在于母虾腹部靠近头颈的位置有三条乳白色的横线，而公虾则通体只有一种颜色。

除了目测外，最直观的方法是从器官上辨认：把虾翻过来，前腿下面有两对比较大的小腿，如果是公虾，那在这两对腿的下面还长有一对比较小的腿，母虾则没有。

图 3.19　辨别公母虾虎

一般来讲，母虾没有公虾大。另外，母虾的脖子部位有一个白色的"王"字，公虾的两个大爪下方分各有一个细细的小爪。

三、香煎黑椒牛仔骨

香煎黑椒牛仔骨如图 3.20 所示。

烹调方法：煎。

菜品味型：咸鲜、黑椒味浓。

食材原料：

主料：进口牛仔骨 150 克。

配料：色拉小果盏 1 个。

调料：黄油 15 克，迷迭香 2 克，白酒 5 克，
黑椒汁 50 克，自制牛仔骨腌料汁。

图 3.20　香煎黑椒牛仔骨

工艺流程：

初加工→刀工处理→腌制→煎制→出锅→浇汁成菜。

制作过程：

1．初加工

（1）腌汁制作：

①洋葱、胡萝卜、香菜、青红椒、芹菜、葱、姜，加少许清水，打碎取汁。

②在打好的蔬菜汁中加入盐 2 克，味精 2 克，松肉粉 2 克，红白豆腐乳各 10 克，
料酒 10 克，黑胡椒碎 15 克，迷迭香（打碎）10 克，鸡汁 10 克，鸡粉 10 克，生抽
20 克，白糖 20 克，蔗糖 10 克，糯米粉 100 克搅拌均匀。

（2）将牛仔骨摘净肥油，洗净。

2．切配

将牛仔骨切成长约 10 厘米、宽约 6 厘米的大片，放入腌汁中抓匀腌制 8 小时备用。

3．烹调

（1）在锅中加入黄油，把腌好的牛仔骨两面煎至肉紧（8 分熟）后撒上迷迭香、白
酒烹出香味装盘。

（2）将黑椒汁加热淋在煎好的牛仔骨上，在旁边搭配上水果色拉小果盏即可（水果
色拉可多种水果搭配）。

成品特点：

黑椒味道浓郁，牛仔骨鲜嫩、醇香。

操作关键：

（1）牛仔骨不要煎得太老，以 8 分熟为宜。

（2）腌制时间不要过短，否则不够入味。

相关菜品：

用此菜的烹调方法还可以制作香煎秋刀鱼、芥辣煎银鳕鱼等菜品。

思考与练习：

（1）为什么要煎至8分熟？

（2）煎制后为什么要撒入白酒？

[趣味阅读]

牛仔骨是牛的什么部位

牛仔骨（图3.21）是牛的胸肋肉，在牛胸口的部位，带骨头的在北美分割标准中，统称为牛仔骨，不带骨头的，统称为牛小排。此部分的肉质鲜嫩，肥腴有筋腱，多汁耐嚼，口感特别鲜滑。牛仔骨的特点是肉质鲜嫩，不会因烹煮而变得干硬，即使烤至全熟也不会影响口感。

图 3.21　牛仔骨

四、香煎鲍鱼

香煎鲍鱼如图3.22所示。

烹调方法：煎。

菜品味型：咸鲜、蒜香。

食材原料：

主料：活鲍鱼60克。

配料：蒜瓣10个，土豆松50克，西兰花块1。

调料：橄榄油30克，盐1克，味精1克，葱油若干，自制煲汤料1碗。

图 3.22　香煎鲍鱼

工艺流程：

初加工→刀工处理→煲制→煎制→出锅成菜。

制作过程：

1．初加工

（1）把活鲍鱼用细毛刷刷洗干净后，宰杀并去除内脏。

（2）将土豆洗净、去皮。

（3）制作煲汤料。

家养老母鸡 2 只，五花肉 2 000 克，普肋排 1 500 克，猪蹄 2 只，精肉 1 000 克，金华火腿 750 克，冰糖 10 克，胡椒粒 10 粒，蚝油 150 克，料酒 20 克，老抽 30 克，盐 30 克，味精 20 克，清水 40 千克；用大火烧开后，改用小火熬制约 5 小时。

2．切配

（1）将土豆切成细丝，漂水滤净水分备用。

（2）将大蒜去头切尾，将西兰花切成约 2.5 厘米见方的小块。

3．烹调

（1）将鲍鱼放入煲汤汁中用小火煲制 3 小时入味待用。

（2）在锅内放油，待加热至 5～6 成热油温时，将土豆丝快速撒到锅中并用竹签快速挑动两下使其均匀地分散在锅中（从而达到受热均匀的目的），小火慢炸至金黄色时捞出滤净余油后垫入盘边。

（3）将蒜瓣放入 7 成油温的锅中，炸至蒜瓣外表金黄色，待蒜瓣充分熟透捞出备用。

（4）在锅内加水烧开后倒入西兰花汆水后捞出回凉，加入盐、味精、葱油，使其入味后摆入盘中。

（5）在锅内加入橄榄油，加入煲好的鲍鱼，将其煎制出香味，待表面微干时，摆上蒜瓣、西兰花点缀装盘即可。

成品特点：

口味咸鲜，鲍鱼醇香浓郁，营养丰富。

操作关键：

（1）土豆切完丝后要充分冲水把淀粉洗净。

（2）炸制土豆丝时要掌握好火候、油温，高温容易炸糊。

（3）刷鲍鱼时要用柔软细毛刷，轻轻刷拭，以避免由于鲍鱼表面破损而影响成菜的美观。

相关菜品：

用此菜的烹调方法还可以制作香煎带鱼、香煎豆腐丸等菜品。

思考与练习：

（1）为什么自制煲汤料时要掌握时间和火候？

（2）为什么鲍鱼要先煲制，再煎制？

[趣味阅读]

如何挑选鲍鱼

1．观察大小

鲍鱼（图 3.23）的营养价值高低和其大小有着直
接关系，即个头越大的鲍鱼营养价值越高，而其价格
也就会越贵。

图 3.23　鲍鱼

2．看黏液

新鲜的鲍鱼其表层会有胶质感的黏液，这是因为
鲍鱼在行进过程中，要用这些黏液润滑，不新鲜的鲍
鱼就不会有这层黏液。

3．观察鲍鱼的活性

有活性的鲍鱼会吸附在装它的容器上，而死去的鲍鱼是没有吸力的，所以就无法吸
附在容器上。

4．摸手感

质量好的鲍鱼，肉质较为坚硬，用手触摸时不会特别柔软，而且鲍鱼肉和壳体的连
接处有缺口。

5．看鲍鱼肉的颜色

新鲜、优质鲍鱼肉的颜色较为粉嫩，而存放时间较长的鲍鱼肉的颜色就会变得深
一些。

6．观察鲍鱼的完整度

如果看到鲍鱼有缺陷，那就不要购买了，因为营养价值不高。

7．观察鲍鱼的外壳颜色

品级高的鲍鱼外壳颜色较黑，这是因为黑色素沉淀的原因，如果看到鲍鱼外壳上有
斑点，就不要购买了，因为不新鲜。

单元④ 熘

[情境导入]

　　熘初始于南北朝时期，那时的"臆鱼"法和"白菹"法，便是熘法的雏形。宋代以后，出现了"醋鱼"等菜肴，即鱼（或其他原料）加热成熟后，浇淋上预制好的芡汁（如今的"西湖醋鱼"仍采用此古法制成）。

图 3.24　《调鼎集》

　　明清以后，"熘"正式在食书中出现，如清代童岳荐所著的《调鼎集》（图 3.24）中就有"醋熘鱼"。那时，"熘"的调味品多以醋、酱、盐、糖、香糟、酒等为主，口味上分别有酸咸、酸甜、糟香等。醋熘海参、糖醋熘排骨、糟熘鱼片等菜肴将这些古法延续使用。

[相关知识]

　　"熘"是将经过加工处理后的丝、丁、片、块等原料，经走油或滑油等初步熟处理后，再将烹制好的芡汁浇淋在主料上，或将主料放入芡汁中快速翻拌均匀成菜的烹调方法。

　　分类：根据调料的特点，"熘"分为醋熘、糖醋熘、茄子熘、糟熘等；根据半成品加工、初步熟处理方式及勾芡火候和浓度，"熘"分为炸熘、滑熘和软熘。

　　炸熘是指将加工后的原料通过炸制达到外香脆、里鲜嫩的效果，之后浇淋或粘裹上芡汁而成菜。

　　滑溜又称鲜熘，是指先将形小的无骨原料（如片、丁、条、块等）用调味品拌腌，挂上蛋清糊，然后在低温油中滑散，再将事先调制好的卤汁均匀地粘裹在原料上的烹调技法。

　　软溜是先将质地软嫩的原料经过气蒸或焯水的方法加热制熟，及时将卤汁增稠，再与制好的芡汁翻拌在一起，或将芡汁浇淋在成熟原料上而成菜的一种烹调方法。

　　油温火候：中、小火，低油温。

　　制品特点：酥脆软嫩，味型多样。

　　适用范围：适用于鸡肉、兔肉、鱼肉等成形较小、质地细嫩的原料。

　　总之，"熘"是将断生或全熟的主料快速回锅，均匀裹上芡汁的过程，因最后一道工序为熘汁，故称熘法。熘法的绝学在于芡汁，稀稠软硬，浓淡酸甜与原料融合一体，方可熘出味觉精髓。烹制时应根据主料含水量的高低来掌握糊或浆的稀稠比例，使芡汁的浓度合适，既能均匀包裹在主料上，又能呈现出流芡的状态。

[菜例]

🍳 一、糖醋里脊

糖醋里脊

糖醋里脊如图 3.25 所示。

烹调方法：炸熘。

菜品味型：酸甜口味。

食材原料：

主料：猪里脊 300 克。

配料：葱、姜、蒜各 7 克。

调料：色拉油 800 克（约耗 50 克），白糖 50 克，白醋、苹果醋各 20 克，料酒 3 克，番茄酱 30 克，焦糖色 3 克，盐 3 克，味精 1 克，鸡蛋液 20 克，面粉 10 克，湿淀粉 5 克。

图 3.25　糖醋里脊

工艺流程：

初加工→刀工处理→腌制→挂糊→烹调→成菜装盘。

制作过程：

1．初加工

将葱、姜、蒜去皮洗净。

2．切配

（1）将里脊肉切成约 0.5 厘米的厚片。

（2）将葱、姜、蒜切末。

3．腌制

将里脊肉放入碗内，加入盐、味精、料酒抓匀，腌制 3 分钟。

4．挂糊

将腌制好的里脊肉放入鸡蛋液、面粉、湿淀粉调成的糊内抓匀，再加入约 10 克色拉油并抓匀备用。

5．烹调

（1）在锅内加入色拉油烧至 6 成热，加入里脊并炸至焦脆（待油温升至 8 成热将里脊复炸一次），捞出控油。

（2）另起锅，加入色拉油烧热，加入葱、姜、蒜爆香，加入番茄酱略炒，再加入白醋、苹果醋、焦糖色、白糖熬汁，加入猪里脊快速翻炒，用湿淀粉溜一下芡汁，淋入少许热油出锅即可。

成品特点：

外焦里嫩，甜酸适口。

操作关键：

（1）注意掌握油温。

（2）需要将里脊复炸一次。

相关菜品：

用此菜的烹调方法还可以制作糖醋鱼、糖醋鱼柳、糖醋鸡排等菜品。

思考与练习：

（1）为什么里脊需要复炸？

（2）糖醋里脊有什么主要特点？

（3）为什么要加焦糖色？焦糖色是如何制作的？

[趣味阅读]

糖醋里脊

糖醋里脊和历史上的一位人物有很大的关系。传说有一天，慈禧太后去香山烧香，遇见了看守香山的人。慈禧太后念及此人看守香山辛苦，便赐予他"香山山王"的称号。除此之外，慈禧太后还恩准这个人的儿子王玉山随她回宫，并让他在御膳房工作。有一天，慈禧太后胃口不好，吃不下御膳房的菜。王玉山知道之后，便做了一道自己的拿手菜，也就是糖醋里脊。王玉山原本只是抱着试一试的态度而已。但令人没有想到的是慈禧太后居然特别喜欢吃，对这道菜称赞不已，吃过之后问身边的太监这道菜的名字是什么。太监根据王玉山当时制作糖醋里脊时胡乱抓的动作瞎编了一个名字，叫"抓炒里脊"。于是，慈禧赐予了王玉山"抓炒王"的称号。后来，王玉山继续创新菜品，相继推出的"抓炒鱼片""抓炒腰花""抓炒大虾"都受到了慈禧太后的青睐，它们并称为"四大炒"。

菠萝咕咾肉

二、菠萝咕咾肉

菠萝咕咾肉如图 3.26 所示。

烹调方法：炸熘。

菜品味型：酸甜。

食材原料：

主料：猪五花肉 300 克。

配料：青、红椒各 15 克，鲜菠萝肉 150 克，葱、姜、蒜各 5 克。

调料：色拉油 750 克（实耗约 70 克），番茄酱 30 克，白糖 50 克，盐 1 克，味精 3 克，料酒 10 克，白醋 10 克，吉士粉 50 克，淀粉 30 克，泡打粉 2 克。

图 3.26　菠萝咕咾肉

工艺流程：

初加工→刀工处理→腌制→烹调→成菜装盘。

制作过程：

1．初加工

（1）将菠萝去除外皮，洗净。

（2）将青、红椒去蒂，洗净；葱、姜、蒜去皮，洗净。

2．切配

（1）将五花肉两面剞十字花刀，切成 1.5 厘米见方的块。

（2）将菠萝、青椒、红椒切成滚刀块。

（3）将葱、姜、蒜切末。

3．腌制

将五花肉加盐、味精、料酒腌制 5 分钟。

4．烹调

（1）在锅内加入色拉油烧至 7 成热，给五花肉拍上粉（吉士粉、淀粉、泡打粉混合），入油锅中炸至金黄色后捞出（炸两遍，一遍炸熟，两遍炸酥），控净油分。

（2）在锅内加入色拉油，加入葱姜蒜炒香，加入番茄酱，白醋，白糖，菠萝肉，青红、椒略炒，加入炸好的五花肉快速翻匀，淋上少许热油出锅即可。

成品特点：

色泽红亮，口味酸甜，酥香适口。

操作关键：

（1）青、红椒和菠萝块要切得大小均匀。

（2）五花肉要炸得外酥里嫩。

相关菜品：

用此菜的烹调方法还可以制作糖醋鲤鱼、糖醋丸子等菜品。

思考与练习：

（1）简述制作菠萝咕咾肉的工艺流程。

（2）为什么要将猪五花肉剞十字花刀？

[趣味阅读]

咕咾肉

咕咾肉又称咕噜肉，是广东的一道特色传统名菜，属于粤菜，以甜酸汁及猪肉煮成。咕咾肉最正宗的做法是把一碗广东泡菜和炸过的咕咾肉一起溜就可以了。

咕咾肉名称的来源有两种说法。第一种说法是由于这道菜以甜酸汁烹调，上菜时香气四溢，令人禁不住"咕噜咕噜"地吞口水，因而得名。第二种说法是由于这道菜历史悠久，故称"古老肉"，后又称"咕噜肉"。

三、炸熘鱼片

炸熘鱼片如图 3.27 所示。

烹调方法：炸熘。

菜品味型：咸鲜香嫩。

炸熘鱼片

食材原料：

主料：草鱼肉 200 克。

配料：小葱 4 克，大蒜 4 克，姜 4 克。

调料：色拉油 1 000 克（实耗约 80 克），高汤适量，淀粉 10 克，酱油 5 克，料酒 3 克，醋 5 克，白砂糖 10 克，盐 5 克，味精 3 克，香油 4 克。

图 3.27　炸熘鱼片

工艺流程：

初加工→刀工处理→腌制→炸制→烹调→出锅装盘。

制作过程：

1．初加工

（1）把葱、姜、蒜去皮洗净备用。

（2）将草鱼处理干净并取肉备用。

2．切配

（1）将葱、姜、蒜切末。

（2）将鱼肉切成厚约 0.3 厘米的片。

3．腌制

把鱼肉用盐、味精、料酒、葱姜水腌制入味，加入适量淀粉并抓拌均匀。

4．烹调

（1）勺内放油烧至 8 成热，将鱼片下入炸至熟透，待油温升至 9 成热时，再把鱼片复炸至金黄色，捞出备用。

（2）另起油锅烧热，加入葱、姜、蒜末爆香，加入高汤、酱油、醋、白糖熬制，加入少许湿淀粉提芡，再将鱼片倒入，快速翻炒均匀，淋入香油出锅即可。

成品特点：

色泽金黄，鲜香适口，外焦里嫩。

操作关键：

（1）炸制鱼片时油温不能过低，要逐片下入，且需要复炸。

（2）鱼片的厚度要均匀。

相关菜品：

用此菜的烹调方法还可以制作焦熘鱼条、菊花鱼等菜品。

思考与练习：

（1）制作此菜时，对鱼片的刀工有什么要求？

（2）炸制鱼片时，对油温有什么要求？

（3）此菜为什么要复炸？

[趣味阅读]

炸熘鱼片的历史文化

炸熘鱼片是鲁菜中历史久远的传统菜品。清朝年间，在山东沿海地区广为流行。据传中日甲午战争前夕，李鸿章亲临威海视察北洋水师，当地名厨吕文起为其治馔，吕所制作的熘鱼片，深得李鸿章赏识，在威海屡吃不厌。

21 世纪 30 年代，烟台名店大罗天饭庄，以制作炸熘鱼片著称，饮誉四方。新中国成立后，炸熘鱼片一直是烟台"会宾楼"的名肴。此菜的刀工、火候、造型极为考究，制作难度较大。

草鱼肉质细嫩，是高蛋白、低脂肪、低热量食物，富含有利于健康的不饱和脂肪酸，且十分可口。

四、蟹油鱼面筋

蟹油鱼面筋如图 3.28 所示。

烹调方法：熘。

菜品味型：咸鲜味。

食材原料：

主料：草鱼肉 1 000 克。

配料：油菜心 150 克，青、红椒各 20 克。

调料：色拉油 2 000 克（实耗约 150 克），蛋清 600 克，水 600 克，盐 90 克，生粉 300 克，味精 10 克，糖 5 克，鸡粉 10 克，胡椒粉 10 克，自制蟹油 20 克，清汤 400 克。

图 3.28 蟹油鱼面筋

工艺流程：

初加工→制茸→炸制→泡制→调味出锅成菜。

制作过程：

1．初加工

（1）将草鱼宰杀清洗干净去皮取肉。

（2）将油菜心、青椒、红椒洗净。

2．切配

（1）制作鱼面筋：将草鱼肉、蛋清、水、盐、生粉、味精、糖，放入料理机充分打碎搅拌均匀备用。

（2）将青、红椒切成菱形片。

3．烹调

（1）制作蟹油：锅内加油，将洋葱、香葱、胡萝卜、姜、西芹，大闸蟹，番茄碎若干放入油内小火熻制，熻好后把原料捞出留蟹油备用。

（2）在锅内加入色拉油，待油温约 3 成热时，将鱼茸逐个挤成丸子状下入油锅，用中小火炸至金黄色捞出并放入清水中泡 3 小时，备用。

（3）在锅内加水，用热水把泡好的鱼面筋烫透。

（4）另起锅加清汤，放入烫透的鱼面筋、油菜心、青椒、红椒菱形片调味熘芡，加入鸡粉、胡椒粉，淋上蟹油即可。

成品特点：

口味咸鲜滑嫩，入口即化。

操作关键：

（1）制作蟹油时要用小火慢熬，以充分熬出原料的香味。

（2）制作鱼面筋时要先滑好锅，避免鱼丸粘锅。

相关菜品：

用此菜的烹调方法还可以制作滑熘里脊片、炸熘鱼块等菜品。

思考与练习：

（1）制作蟹油时为什么用小火熬制？

（2）炸制鱼面筋时需要注意什么？

[趣味阅读]

明油的作用

1．光亮度

给菜肴勾芡后淋入明油。此时，部分油脂在高温的作用下，发生乳化反应，与芡汁融合在一起，以增加芡汁的透明度，减少芡汁对光线的吸收。大部分明油吸附在芡汁的表面，形成一层薄薄的油脂，犹如"镜面"一般，可以把照射在菜肴表面的光线反射出来，即形成俗称的"明油亮芡"，使菜肴光亮剔透，增强人们的食欲。

2．颜色

有些菜肴经烹调后已具有一定的色泽，如果再淋入适量含有明油，则会使其色泽更加突出。例如，在烹制干烧鱼时，若淋入红油，可以使菜肴更加红亮；制作清汤羊肉时，成品汤清如水，若装碗后撒上几片香菜叶，再淋入红油，则红绿相映，色泽鲜亮。

3．滑润度

明油是一种润滑剂，可以减少菜肴和锅壁的摩擦，使晃锅、翻锅更容易，从而保持菜肴形状的完美，不散碎。此外，菜肴勾芡后，由于淀粉具有糊化作用，会使汤汁黏稠，极易粘锅糊底，而使用明油可以在很大程度上改善这种情况。

4．温度

由于明油主要分布在菜肴的表面，且黏性强、散热慢，在一定程度上降低了菜肴中热量的散发速度，可以起到一定的保温作用。

五、西湖醋鱼

西湖醋鱼如图 3.29 所示。

烹调方法： 软熘。

菜品味型： 甜酸味。

食材原料：

主料：草鱼 800 克。

配料：姜 6 克。

调料：白糖 60 克，醋 50 克，料酒 25 克，酱油 75 克，湿淀粉 50 克。

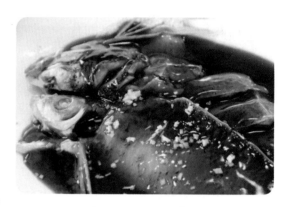

图 3.29　西湖醋鱼

工艺流程：

初加工→刀工处理→煮制→调味勾芡→成菜。

制作过程：

1．初加工

将草鱼宰杀刮鳞、去鳃、去内脏，清洗干净。

2．切配

（1）将鱼背朝外、鱼腹朝里放在案板上，用刀从尾部沿着背脊平片至鱼颌下为止，再从刀口处将鱼头对劈开，使鱼身分成两片，斩去鱼牙齿；在带背脊的那片鱼身上从离颌下约 5 厘米处开始斜着片一刀，然后每隔约 5 厘米斜着片一刀（刀斜深约 4 厘米），共片五刀；在片第三刀时，将鱼斩成两段，以便烧煮；在另一片鱼上用刀沿剖面顺长划一刀（刀深约 1 厘米，刀斜向腹部，由尾部划向颌下，不要损伤鱼皮）。

（2）将姜切成末备用。

3．烹调

（1）锅内放清水 1 000 克旺火烧沸，先放带骨的那片鱼，再将另一片与之并放，鱼头对齐，鱼皮朝上（水不能淹没鱼头，以利鱼的两根胸鳍翘起），盖上锅盖，待水再沸时撇去浮沫，烧煮约 5 分钟，用筷子轻扎带骨鱼的颌下部，如能扎入即熟。

（2）在锅内留下约 250 克的汤汁（去除多余的汤），放入酱油、料酒、姜末后，即将鱼捞起，放入盘中。盛盘时鱼皮要朝上，鱼的两片背脊拼连，将鱼尾段拼接在带骨的那片鱼的切断处。

（3）在锅内原汤中加入白糖、姜末、湿淀粉和醋调匀成浓芡汁，浇遍鱼的全身即成。

成品特点：

色泽红亮，肉质鲜嫩，口味酸甜。

操作关键：

（1）要选用在活水中饿养数天的草鱼，成菜才能没有土腥味，且鱼肉结实、不易碎烂。

（2）改刀时，刀距要均匀。

（3）鱼的加热时间不可过长，否则鱼肉变老就会影响口感。

相关菜品：

用此菜的烹调方法还可以制作蒜泥鲤鱼、浇汁鲥鱼等菜品。

思考与练习：

（1）西湖醋鱼在出锅时应注意什么问题？

（2）制作西湖醋鱼的方法是否适合用来制作海产鱼类？

（3）西湖醋鱼的制作工艺有何特色？

［趣味阅读］

西湖醋鱼的传说

西湖醋鱼为杭州西湖最负盛名的菜肴，始创于南宋高宗时，据古籍记载，西湖醋鱼一菜来源于"叔嫂传珍"。

相传南宋时有宋氏兄弟两人，颇有学问但不愿为官，因此隐居起来，靠打渔为生。当地有一恶霸，人称赵大官人，见宋嫂年轻貌美，便用阴谋害死了宋兄，欲霸占宋嫂。至此，宋家叔嫂祸从天降，悲痛欲绝。为了申冤，叔嫂便一起到衙门告状，哪知当时的官府与恶势力一个鼻孔出气。告状不成，他们反遭毒打，被赶出了衙门。回家后，宋嫂让兄弟远逃他乡。离别前，宋嫂特用糖、醋烧鲩鱼一碗，对兄弟说："这菜有酸有甜，望你有出头之日，勿忘今日辛酸"。后来，宋弟外出，在战场上立下功劳，回到杭州后惩办了恶棍，但一直找不到嫂嫂的下落。一次外出赴宴，他在席间尝得此菜，经询问方知宋嫂隐姓埋名在这里当厨工，由此始得团聚。于是，"叔嫂传珍"这道佳肴也与传说一起在民间流传开来。

六、糖醋鱼柳

糖醋鱼柳如图 3.30 所示。

烹调方法：炸熘。

菜品味型：酸甜。

食材原料：

主料：草鱼肉 200 克。

配料：葱、姜、蒜各 3 克。

调料：盐 3 克，味精 2 克，白糖 200 克，白醋 60 克，料酒 10 克，番茄酱 60 克，面粉 60 克，湿淀粉 100 克，泡打粉 1 克，色拉油 1 000 克（实耗约 60 克）。

图 3.30　糖醋鱼柳

工艺流程：

初加工→刀工处理→腌制→制糊→烹调→成菜装盘。

制作过程：

1．初加工

将葱、姜、蒜去皮，洗净。

2．切配

将葱、姜、蒜切末，鱼肉切条（约 5 厘米长、1 厘米厚）。

3．腌制

将鱼肉条放入碗内，加入盐、味精、料酒抓拌均匀并腌制入味，备用。

4．制糊

在碗内放入面粉、湿淀粉、泡打粉、清水搅匀，调成糊状。

5．烹调

（1）将鱼肉条加入糊内抓拌均匀。

（2）在锅内加油烧至 7 成热，逐条下入鱼肉条，炸至金黄色捞出，待油温升至 8 成热时，再将鱼肉条复炸一次。

（3）在锅内留油加葱、姜、蒜爆香，加番茄酱稍炒一下，加入白醋、白糖熬至黏稠，下入鱼条翻炒均匀，淋上热油，快速翻炒均匀便可出锅。

成品特点：

酸甜适口，外焦里嫩，色泽红郁。

操作关键:

(1) 鱼肉条需要复炸。

(2) 鱼肉条要长短一致。

(3) 出锅前冲入沸油,使芡汁红亮、有光泽。

(4) 要掌握好糖醋汁的比例。

相关菜品:

用此菜的烹调方法还可以制作糖醋黄河鲤鱼、糖醋鳝鱼肉等菜品。

思考与练习:

(1) 为什么鱼肉条需要复炸?

(2) 为什么要在出锅前淋上热油?

(3) 糖醋鱼柳的主要特点有什么?

[趣味阅读]

糖醋口与酸甜口的区别

糖醋和酸甜是两种不同的调味方式,它们在烹饪中的应用和目的有所不同。

糖醋:以醋为主要成分,用于增加食物的爽口感和提味。

例子:糖醋排骨,用醋使骨头软化,从而产生独特的口感。

酸甜:酸与甜的结合,通常酸味更突出。

例子:酸甜排骨中的酸味主要来源于西红柿,旨在呈现酸甜平衡的口感。

这两种调味方式虽然都涉及酸和甜的结合,但在具体使用时有所区别,可以制出不同风味的菜肴。

单元❺　煸

[情境导入]

湖北省烹饪酒店行业协会秘书长、中国烹饪大师刘现林曾说过:"煸"是川菜中最难掌握的技法,如火中取栗,没有 5 ~ 10 年的苦功,根本"煸"不成菜。按照常规操作,"煸"的温度在炒温（100 ℃）之上,在炸温（160 ~ 180 ℃）之下,通常为120 ~ 130 ℃。

[相关知识]

"煸"又称煸炒或干炒，是一种用较短时间加热成菜的方法，即将原料处理后，放入小油量的锅中，用中火热油不断翻炒，当原料见油不见水汁时，加调味料和辅料继续煸炒，至干香、滋润状态而成菜的烹调方法。

制品特点：色黄（或金红）油亮，干香滋润，酥软化渣，无汁醇香。

油温火候：小火，中、低油温。

适用范围：适用于含水量少的动、植物原料，如猪肉、牛肉、四季豆、土豆等。

总之，"煸"是由炒衍变而来的一种烹调技法，"煸"的关键之处为"煸干"，即通过油加热的方法，将原料直接加热，使其水分因受热外渗而挥发，体现"煸干"之功效，达到浓缩风味之效果，再加入调味料及辅料制作而成。

[菜例]

一、干煸辣子鸡

干煸辣子鸡如图 3.31 所示。

烹调方法：煸炒。

菜品味型：咸鲜香辣。

食材原料：

主料：草鸡 650 克。

配料：葱 50 克，姜、蒜各 10 克，杭椒 15 克，美人椒 10 克。

调料：色拉油 1 500 克（实耗约 100 克），白糖 5 克，盐 2 克，味精 2 克，八角 1 个，花椒 2 克，干红椒 10 克，生抽 20 克，甜面酱 15 克，料酒 10 克，香油 5 克，熟白芝麻 5 克。

干煸辣子鸡

图 3.31　干煸辣子鸡

工艺流程：

初加工→刀工处理→腌制→烹调→成菜装盘。

制作过程：

1．初加工

（1）将草鸡杀好，去除内脏并清洗干净。

（2）将葱、姜、蒜去皮洗净，杭椒、美人椒去蒂洗净。

2．切配

（1）将鸡剁成约 3 厘米见方的劈柴块。

（2）将葱切段，姜、蒜切片，杭椒、美人椒切成约 2.5 厘米的段。

3．腌制

将鸡块、料酒、生抽、白糖、盐、味精、葱、姜放入碗中，抓匀并腌制 15 ～ 20 分钟。

4．烹调

（1）在锅内加入色拉油烧至 7 成热时，将鸡块倒入锅中炸至浅黄色、约 7 分熟时捞出控油待用（炸制前将葱、姜捞出）。

（2）在锅底留油，加入八角、花椒炒出香味，放入鸡块并加入甜面酱煽炒，再加入干红椒、姜片、蒜片继续煽炒，再放入葱段、杭椒、美人椒翻炒均匀，淋入香油并撒上熟白芝麻出锅即可。

成品特点：

咸鲜、麻辣干香。

操作关键：

（1）将鸡剁成劈柴块，大小要均匀，炸制时要注意火候（7 分熟）。

（2）要将鸡块煽炒一会再放入干红椒，以免辣椒发黑，影响色泽。

相关菜品：

用此菜的烹调方法还可以制作干煽牛肉条、干煽鱿鱼等菜品。

思考与练习：

（1）做干煽辣子鸡时，为什么需要提前腌制？

（2）为什么要先炸制再煽制？

[趣味阅读]

辣子鸡的起源

1747 年，乾隆派遣张广泗前去平定金川之乱，但他无功而返，于是乾隆大怒，将他处死。接着，乾隆又派出朝中大将岳钟琪去平乱。但对于地势险要的蜀地，他也久久没有办法攻克。

酣战了几个月，岳钟琪发现在练兵的时候，士兵有气无力，疲惫困顿，于是召集大家开会，在讨论中得知士兵进入蜀地后，都感到身体乏力、无精打采。

岳钟琪不但英勇善战，还博学多才，他发现蜀地寒湿重，而士兵们在驻扎都江堰后，湿气入体，导致身体不适。他知道辣椒可以去湿气，就派人将辣椒运至蜀地，命令士兵多吃辣椒。

可这样问题又来了，辣椒味道重，士兵们吃了后又口干舌燥，需要大量饮水，这样士兵们就总是出入茅厕，让操练更加没有次序。

军中有一位名叫范怀忠的厨子，他在得知此事后就地取材，将辣椒和鸡肉放在一起炒。在操练的时候，士兵们都闻到一股浓厚的椒香味，纷纷咽着口水。士兵们吃到这道菜后，食欲大增。即使每日三餐都吃这道菜，都不会觉厌烦。因为当时辣椒被称为"地辣子"，所以大家都称这道菜为"地辣子鸡块"。

同年，《大邑县志》中也有了辣椒的记载。后来，厨子范怀忠因为在军中听闻了不少巴蜀古国的奇闻逸事，决定沿着古巴蜀的印迹发掘巴蜀文化和寻味巴蜀技艺。范怀忠将游历时收集到的巴蜀文化编制了《怀忠手记》和《巴蜀民间菜谱》，将这道菜载入《巴蜀民间菜谱》。

范怀忠的后人根据《巴蜀民间菜谱》改良了菜品，使用了新的制作方法制成现在的辣子鸡，且将这个名字也沿用至今。

二、孜然羊肉

孜然羊肉如图 3.32 所示。

烹调方法： 煸炒。

菜品味型： 咸鲜微辣、孜然味浓郁。

食材原料：

主料：羊肉 500 克。

配料：大葱 3 克，姜 3 克，蒜 3 克，香菜 3 克。

调料：色拉油 500 克（实耗约 10 克），干红椒 2 克，辣椒面（中粗）3 克，孜然面（中粗）4 克，生抽 2 克，精盐 3 克，味精 2 克。

孜然羊肉

图 3.32　孜然羊肉

工艺流程：

初加工→刀工处理→烹调→成菜装盘。

制作过程：

1. 初加工

将香菜去叶去根，洗净；葱、姜、蒜去皮，洗净。

2．切配

将羊肉切成约 0.3 厘米见方的块，将葱切粒，姜、蒜切片，干红椒切丁，香菜切段。

3．烹调

（1）在锅内加入色拉油并烧至 8 成热，下入羊肉过油（速度要快以免肉质过老）捞出备用。

（2）另起锅加入色拉油烧热，加入干红椒、葱、姜、蒜爆香，下入羊肉、生抽、盐煸炒，再加入辣椒面、孜然面（可把孜然面和辣椒面提前混合）、味精煸炒入味，撒上香菜段出锅即可。

成品特点：

肉质香嫩，咸鲜微辣，孜然味香浓。

操作关键：

（1）羊肉过油速度要快，以免肉质过老。

（2）将孜然面和红辣椒面要加工成中粗颗粒。

相关菜品：

用此菜的烹调方法还可以制作孜然鱿鱼、孜然牛心管等菜品。

思考与练习：

（1）为什么羊肉不能切得太薄？

（2）羊肉过油时为什么速度要快？

[趣味阅读]

孜然的由来

孜然（图 3.33）原产于埃及和埃塞俄比亚，孜然的名字是由地中海以东的古波斯人对它的称呼音译而来。孜然是在唐代以后通过丝绸之路传入中国的。

《本草纲目》中对孜然的记载是："主腹胀满，下气，消食。"孜然气味甘甜，辛温无毒，具有温中暖脾、降火平肝、理气开胃、祛寒除湿等功效，也有抗过敏、抗氧化、抗血小板聚集和降血糖等

图 3.33　孜然

保健作用。孜然传入印度后，印度将其与其他香料混合制成咖喱。孜然富含精油，气味芳香浓烈，被认为是继胡椒外世界上第二重要的香料作物，现已成为常见的调味品。

　　"安息茴香"是孜然的另一个名字。"安息"指的是公元前247年至公元前224年位于西亚的安息帝国。很多人容易把安息茴香错叫成安息香或者茴香，其实，它们是3种不同的植物。虽然安息香和安息茴香只差一个字，差别却非常大。安息香是一种安息香科高大乔木，它的树脂在几千年前就被人们当成香料使用。茴香和孜然的相似之处较多，它们果实的作用也大致相同：既是调料也是药材。二者的区别在于：茴香的茎叶还可以当作蔬菜吃。中国北方人经常吃的"茴香馅"饺子，就是把茴香的叶子剁碎制成的馅。

三、麻辣牛肉条

麻辣牛肉条

麻辣牛肉条如图 3.34 所示。

烹调方法：炸、煸炒。

菜品味型：咸鲜麻辣。

食材原料：

主料：牛肉 300 克。

配料：芹菜 100 克，熟白芝麻 20 克，鸡蛋 1 个，葱、姜各 10 克。

调料：色拉油 750 克（实耗约 70 克），盐 2 克，味精 2 克，料酒 5 克，淀粉 100 克，面粉 50 克，干红椒 30 克，花椒 20 克。

图 3.34　麻辣牛肉条

工艺流程：

初加工→刀工处理→腌制→制糊→烹调→成菜装盘。

制作过程：

1．初加工

（1）将牛肉去除外皮筋络，洗净。

（2）将葱、姜去皮洗净；芹菜去根、去叶，洗净。

2．切配

（1）将牛肉切成约 0.8 厘米的条，芹菜切段。

（2）将葱切段，姜切片并用刀拍松，放入碗内加水浸泡，做成葱姜水。

3．腌制

将牛肉放入小盆中，加葱姜水、盐、味精、料酒腌制约 5 分钟。

4．制糊

在碗内加入面粉、淀粉、鸡蛋、水，调匀成稀糊状。

5．烹调

（1）在锅内加入色拉油烧至 7 成热，将牛肉条挂上糊，放入油锅中炸至浅黄色捞出。待油温升至 8 成热，复炸牛肉条至外皮酥脆，色泽金黄时捞出控油。

（2）在锅内加入色拉油，加入花椒、干红椒炒香，加入芹菜、牛肉条、盐、味精、熟白芝麻后翻炒均匀便可出锅。

成品特点：

咸鲜麻辣，外酥里嫩。

操作关键：

（1）牛肉条的粗细要均匀。

（2）牛肉条需复炸。

相关菜品：

用此菜的烹调方法还可以制作麻辣鸡柳、椒麻鱼柳等菜品。

思考与练习：

（1）制作炸制菜品时，为什么要复炸？

（2）哪些菜肴在制作前需要提前腌制？

[趣味阅读]

牛肉各部位的食用用途

全牛分解图如图 3.35 所示。

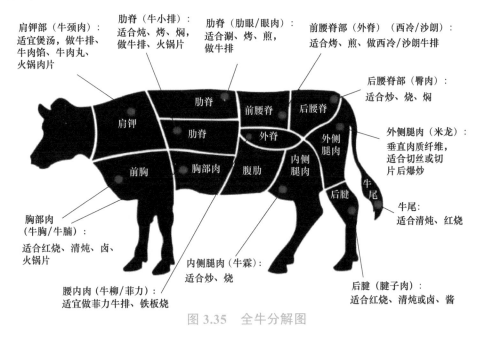

图 3.35　全牛分解图

肩胛部（牛颈肉）：适宜煲汤，做牛排、牛肉馅、牛肉丸、火锅肉片。胸部肉（牛胸／牛腩）：适合红烧、清炖、卤，做火锅肉片。肋脊（牛小排）：适合炖、烤、焖，做牛排、火锅肉片。腰内肉（牛柳／菲力）：适合制作菲力牛排、铁板烧。肋脊（肋眼／眼肉）：适合涮、烤、煎，做牛排。内测腿肉（牛霖）：适合炒、烧。前腰脊部（外脊）（西冷／沙朗）：适合煎、烤，做西冷／沙朗牛排。后腰脊部（臀肉）：适合炒、烧、焖。外侧腿肉（米龙）：垂直肉质纤维，适合切丝或切片后爆炒。后腱（腱子肉）：适合红烧、清炖或卤、酱。牛尾：适合清炖、红烧。

四、麻辣鸡柳

麻辣鸡柳如图 3.36 所示。

烹调方法：煸炒。

菜品味型：咸鲜麻辣。

食材原料：

主料：鸡胸肉 200 克。

配料：葱、姜、蒜各 3 克，花椒 5 克，干红椒 3 克，芹菜 15 克。

调料：精盐 3 克，味精 2 克，料酒 10 克，花椒油 5 克，辣椒油 5 克，熟白芝麻 2 克，面粉 60 克，淀粉 100 克，泡打粉 1 克，色拉油 1 000 克（实耗约 60 克）。

图 3.36 麻辣鸡柳

工艺流程：

初加工→刀工处理→腌制→制糊→烹调→成菜装盘。

制作过程：

1．初加工

将葱、姜、蒜去皮洗净，芹菜去叶洗净。

2．切配

将葱、姜、蒜切粒，鸡胸肉切条（约 5 厘米长、1 厘米粗）。

3．腌制

将鸡胸肉条放入碗内，加入盐、味精、料酒抓拌均匀并腌制，备用。

4．制糊

在碗内放入面粉、淀粉、泡打粉、清水，搅匀后调成糊状。

5．烹调

（1）将鸡胸肉条加入碗中抓拌均匀。

（2）锅内加油烧至 7 成热，逐条下入鸡胸肉条，炸至金黄色捞出，待油温升至 8 成热再将鸡胸肉复炸一次。

（3）锅内留油加花椒、干红椒、葱、姜、蒜爆香，下入芹菜略炒，再下入炸好的鸡胸肉条煸炒均匀，淋入花椒油、辣椒油、撒入熟白芝麻翻炒均匀出锅即可。

成品特点：

咸鲜麻辣，外焦里嫩。

操作关键：

（1）鸡胸肉要切得粗细均匀。

（2）炸干红椒要注意火候，避免炸糊。

相关菜品：

用此菜的烹调方法还可以制作麻辣里脊片、麻辣鱿鱼条等菜品。

思考与练习：

（1）为什么要加入花椒油、辣椒油？

（2）简述煸的技法概念。

[趣味阅读]

挂糊防脱落小窍门

为了确保挂糊不脱落，可以采用以下小窍门。

1．处理食材

在挂糊之前，应将食材表面的水分吸干，以防止其形成"隔离层"阻止浆糊与食材直接接触。另外，水分也会稀释浆糊，降低其黏性和浓度。

2．调整浆糊的浓度

确保浆糊的浓度适中，既不过于稀薄，也不过于浓稠。因为太稀的浆糊容易流失，而太浓的浆糊则可能会不均匀地覆盖食材。

3．使用正确的比例

对于不同的食材和烹饪方法，使用合适的浆糊比例非常重要。例如，对于炸酥肉，使用红薯淀粉、鸡蛋和食用油的比例为每 100 克红薯淀粉加 1 个鸡蛋和 30 克油。

4．搅拌均匀

在调制浆糊时，要确保将所有成分充分混合，没有小颗粒或干粉，以防止在烹饪过程中脱落。

5．使用适当的配料

应根据不同的食材选择合适的配料。例如，制作炸制食品时，可以使用面粉、淀粉、鸡蛋、啤酒等混合而成的面糊。

6．掌握挂糊的技巧

在挂糊时，要确保浆糊均匀地覆盖在食材的表面，不能存在遗漏或空白点。

五、干煸月牙骨

干煸月牙骨如图 3.37 所示。

烹调方法：煸炒。

菜品味型：咸鲜微辣，干香。

食材原料：

主料：月牙骨 350 克。

配料：干红辣椒 5 克，蒜 1 克，香菜 5 克。

调料：盐 2 克，生抽 10 克，味精 3 克，白糖 3 克，花椒油 5 克。

图 3.37　干煸月牙骨

工艺流程：

初加工→刀工处理→煸制→成菜装盘。

制作过程：

1．初加工

（1）将蒜去皮洗净，香菜去叶洗净。

（2）将月牙骨洗净备用。

2．切配

（1）将月牙骨顶刀切成约 5 厘米长的条。

（2）将蒜切片，干红辣椒切丝，香菜切段。

3．烹调

（1）在锅内加油烧热，将切好的月牙骨放入锅内煸干，倒出后备用。

（2）在锅内加入花椒油，加入蒜片、干红椒丝煸香，再倒入煸好后的月牙骨一起煸炒，加入生抽、味精、盐、白糖煸炒均匀，撒上香菜段即可。

操作关键：

（1）要将月牙骨切均匀。

（2）煸炒速度要快，避免粘锅。

成品特点：

口味咸鲜微辣，香脆适口。

相关菜品：

用此菜的烹调方法还可以制作干煸茶树菇、干煸鱿鱼等菜品。

思考与练习：

（1）给此菜摆盘时应注意哪些细节？

（2）煸炒速度为什么要快？

[趣味阅读]

月牙骨

月牙骨（图 3.38）又名猪软骨，它是猪身上"最值钱"的一块肉。月牙骨指的是猪的前腿夹心肉与扇面骨相连处的一块月牙形软组织（俗称"脆骨"），它连着筒子骨、扇面骨，上面有一层薄薄的瘦肉，骨头为白色脆骨。月牙骨含有丰富的胶原蛋白，故又名美人骨。重约 100 斤的猪身上只有 200 克左右的月牙骨。

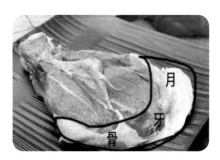

图 3.38　月牙骨

月牙骨这个名字有些许诗意，深受人们的喜爱。月牙骨上的肉的脂肪含量比较低，软嫩程度堪比里脊肉，常吃可以补充人体所需的蛋白质，还可以促进孩子骨骼的生长。

单元 ⑥ 拔丝

[情境导入]

"拔丝"又称拉丝，是中国传统的烹饪技艺，起源于古代的熬糖法。据明朝《易牙遗意》一书中的记载，元代的"麻糖"制法中就提到了"凡熬糖，有牵丝方好"，表明当时的古人已经掌握了拔丝的技术。另外，明代高濂所著的《遵生八笺》中也有关于拔丝类菜品的记载，这证明了山东地区在明代就已经有了拔丝这种烹调方法。

"拔丝"这种烹调方法的普及是在清朝末年。那时，山东的拔丝菜肴开始在全国范围内流行起来，一开始只在京、津、苏、沪等地受到欢迎，后来出现在全国各地的餐馆和饭店中。例如，清代宣统翰林学士薛宝辰在其著作《素食说略》中提到的拔丝山药就是典型的拔丝类菜品。

"拔丝"烹调技法不仅在中国有着悠久的历史，随着时间的推移，还传播到了世界各地。拔丝能使食物由于具有均匀的焦糖香味而变得更加香甜美味。

[相关知识]

"拔丝"是将经油炸的半成品，放入由白糖熬制能起丝的糖液内粘裹挂糖成菜的烹调方法。给半成品挂好糖液后，将粘连在一起的菜肴拉开时，由于糖液能拔起糖丝，故以"拔丝"命名。

分类：水拔、油拔、水油拔等。

制品特点：呈琥珀色、色泽明亮晶莹、外脆里嫩、香甜可口。

适用范围：香蕉、橘子、山楂、梨、山药、红薯、土豆等。

总之，"拔丝"主要用于制作甜菜，是中国甜菜制作的基本技法之一，它的制作关键是制作糖浆。在炒糖浆时，应注意加热的火力和温度，避免糖浆焦煳，注意糖和原料的比例，应让糖汁均匀包裹原料。若原料为含水量较高的水果，应挂糊浸炸，以避免因水分过多而使拔丝失败。

[菜例]

拔丝山药

一、拔丝山药

拔丝山药如图 3.39 所示。

烹调方法：拔丝。

菜品味型：香甜。

食材原料：

主料：山药 300 克。

配料：熟白芝麻 3 克，清水 100 克，色拉油 1 000 克（实耗约 60 克）。

调料：白糖 150 克。

图 3.39　拔丝山药

工艺流程：

初加工→刀工处理→炸制→炒糖→裹制糖液→装盘。

制作过程：

1．初加工

将山药洗净，去皮备用。

2．切配

将山药切成滚刀块。

3．烹调

（1）在锅内加入色拉油烧热至6成热时，下入山药炸至熟透捞出，待油温升至8成热再将山药下入复炸捞出备用。

（2）在锅内放入色拉油约20克，清水约100克，再加入白糖，用小火熬制，还要快速搅动，直到糖浆由稀变稠，微有黏性，然后倒入复炸好的山药，用手勺轻轻向前推拌，撒入熟白芝麻翻均匀即可出锅装盘（注：盘底要抹上油或撒上薄薄的一层白糖，上桌时配一碗凉开水）。

成品特点：

色泽金黄，香甜可口，糖丝细长明亮。

操作关键：

（1）山药块的大小要均匀。

（2）炒糖色时要用小火，不断搅拌，要仔细观察糖色的变化。

（3）动作要快，出锅要及时。

相关菜品：

用此菜的烹调方法还可以制作拔丝马蹄、拔丝苹果等菜品。

思考与练习：

（1）熬糖过程中要发生哪些变化？

（2）为什么要在盘底抹上油或撒上一层白糖？

[趣味阅读]

"拔丝山药"典故

拔丝山药是一道传统名点，素馔名品，颜色柿黄，能拔出长丝一丈，脆甜香酥，为压桌甜菜。清代宣统翰林学士薛宝辰在他所著《素食说略》中提到拔丝山药时是这样描述的：去皮，切拐刀块，以油灼之，加入调好冰糖水起锅，即有长丝。但以白糖炒之，则无丝也。京师庖人喜为之。

关于"拔丝山药"这道甜菜，有一个传说。

相传有一天，李密邀魏徵饮宴，协商如何攻占荥阳。李密要快攻，速战速决，但魏徵就是不提攻击荥阳之事，李密非常焦急，却又无可奈何。正在疑惑之时，厨师端上一盆色泽金黄的菜肴，李密下筷就吃，随即"哎哟"一声，只见唇边已烫起一个血泡。此时，厨师又奉上一碗凉水，魏徵夹起山药往凉水中一涮，然后放入口中，并叫李密也照此法品尝。李密一吃，觉得香甜脆嫩、十分可口——这道菜就是"拔丝山药"。李密吃着这道菜，领悟了"心急吃不得热豆腐"的道理，随即镇定下来，与魏徵一同缜密筹划作战方案，后来一举攻下荥阳，生擒守城主帅王世充。

拔丝地瓜

二、拔丝地瓜

拔丝地瓜如图 3.40 所示。

烹调方法：拔丝。

菜品味型：香甜。

食材原料：

主料：地瓜 300 克。

配料：熟白芝麻 3 克，清水 100 克，色拉油 1 000 克（实耗约 60 克）。

调料：白糖 150 克。

工艺流程：

初加工→刀工处理→炸制→炒糖→裹制糖液→装盘。

图 3.40 拔丝地瓜

制作过程：

1．初加工

将地瓜洗净泥沙，去皮备用。

2．切配

将地瓜切成滚刀块。

3．烹调

（1）在锅内加入色拉油烧热至 6 成热，下入地瓜炸至熟透捞出，待油温升至 8 成热再将地瓜下入复炸捞出备用。

（2）在锅内放入色拉油约 20 克，清水约 100 克，再加入白糖，用小火熬制，快速搅动，直到糖浆由稀变稠，微有黏性时，倒入复炸过的地瓜，用手勺轻轻向前推拌，撒入熟白芝麻，翻炒均匀即可出锅装盘（注：盘底要抹上油或撒上薄薄的一层白糖，上桌时配一碗凉开水）。

成品特点：

色泽金黄，香甜可口，糖丝细长、明亮。

操作关键：

（1）地瓜块大小均匀，需要复炸。

（2）炒糖色时要用小火，不断搅拌，要仔细观察糖色的变化。

（3）动作要快，出锅要及时。

相关菜品：

用此菜的烹调方法还可以制作拔丝芋头、拔丝土豆等菜品。

思考与练习：

（1）为什么要把地瓜切成滚刀块？

（2）为什么要炸两次地瓜？

[趣味阅读]

红薯的食用要点

红薯又称地瓜，营养价值很高，是世界卫生组织评选出来的"十大最佳蔬菜"的冠军。但在食用时应注意以下几点。

（1）红薯含有"气化酶"，食用后，有时会发生烧心、吐酸水、肚胀、排气等现象。一次不要吃得过多，和米面搭配着吃，配以咸菜或喝点菜汤即可避免。

（2）烂红薯（带有黑斑的红薯）和发芽的红薯可能导致人中毒，不可食用。

（3）食用凉的红薯易致胃腹不适。

（4）红薯的食用方法很多，可代替米、面，用来制作主食；将鲜红薯煮熟捣烂，与米粉、面粉等掺和后，可制作各类糕、团、包、饺、饼等；将其干制成粉又可代替面粉制作蛋糕、布丁等点心；还可加工成红薯粉丝。

（5）红薯等根茎类蔬菜含有大量淀粉，可以加工成粉条食用，但在制作过程中往往会加入明矾，若食用得过多，会导致铝在体内蓄积，不利于健康。

三、拔丝香蕉

拔丝香蕉如图 3.41 所示。

烹调方法： 拔丝。

菜品味型： 香甜。

拔丝香蕉

食材原料：

主料：香蕉 600 克。

配料：鸡蛋 1 个，淀粉 80 克，面粉 40 克，熟白芝麻 3 克，清水 100 克，色拉油 1 000 克（实耗约 60 克）。

调料：白糖 150 克。

工艺流程：

初加工→刀工处理→制糊→炸制→炒糖→裹制糖液→装盘。

图 3.41　拔丝香蕉

制作过程：

1．初加工

将香蕉去皮备用。

2．切配

将香蕉切成滚刀块。

3．制糊

将鸡蛋、淀粉、面粉、清水混合，搅拌均匀成糊，备用。

4．烹调

（1）将香蕉滚上薄薄的一层面粉再放入糊内挂匀，锅内加入色拉油烧热至 6 成热时，下入香蕉炸制熟透捞出，待油温升至 8 成热再将香蕉下入复炸捞出备用。

（2）在锅内放入色拉油约 20 克，清水约 100 克，加入白糖，用小火熬制，快速搅动，直到糖浆由稀变稠，微有黏性时，倒入复炸过的香蕉，用手勺轻轻向前推拌，撒入熟白芝麻翻均匀即可出锅装盘（注：盘底要抹上油或撒上薄薄的一层白糖，上桌时配一碗凉开水）。

成品特点：

色泽金黄，香甜可口，糖丝细长明亮。

操作关键：

（1）香蕉块大小均匀，要复炸。

（2）炒糖色时要用小火，不断搅拌，要仔细观察糖色变化。

（3）动作要快，出锅要及时。

相关菜品：

用此菜的烹调方法还可以制作拔丝土豆、拔丝南瓜、拔丝芒果等菜品。

思考与练习：

（1）为什么要把香蕉裹上糊？

（2）为什么要配一碗凉开水？

（3）熬糖过程要经历哪些变化？

[趣味阅读]

拔丝技法的起源

山东是拔丝菜的发祥地，用此种方法制作的著名菜肴有拔丝苹果、拔丝山药、拔丝红薯、拔丝金枣、拔丝樱桃、拔丝香蕉等。我国古代举办宴席，有先咸菜馔后甜菜肴的排列顺序。拔丝、蜜汁、蜜饯等烹饪技法都是山东民间流传下来的甜菜肴绝活儿，据说在清代已相当知名。著名的山东淄川籍文学家、《聊斋志异》作者蒲松龄十分熟知甜菜的制作方法，平时也很爱吃甜食。他在《聊斋文集》中就写下了"而今北地兴摆果，无物不可用糖粘"等内容，形象地说明了山东地区流行拔丝甜菜的情形。

四、拔丝葡萄

拔丝葡萄如图 3.42 所示。

烹调方法：拔丝。

菜品味型：香甜。

食材原料：

主料：葡萄 300 克。

配料：面粉 40 克，清水 100 克，色拉油 1 000 克（实耗约 60 克）。

调料：白糖 150 克。

图 3.42　拔丝葡萄

工艺流程：

初加工→拍粉→炸制→炒糖→裹制糖液→装盘。

制作过程：

1．初加工

将葡萄洗净备用。

2．拍粉

将葡萄拍上一层面粉放漏勺晃掉多余的面粉，先用喷壶均匀地喷上一层水，再滚上一层面粉。

3．烹调

（1）在锅内加入色拉油烧热至 6 成热时，下入葡萄炸至金黄色捞出备用。

（2）在锅内放入色拉油约 20 克，清水约 100 克，加入白糖，小火熬制，手勺快速不停地搅动，直到糖浆由稀变稠，微有黏性时，倒入炸好的葡萄，用手勺轻轻向前推拌均匀，出锅装盘（注：盘底要抹上油或撒上薄薄的一层白糖，上桌时配一碗凉开水）。

成品特点：

色泽金黄，香甜可口，糖丝细长明亮。

操作关键：

（1）葡萄滚面粉要均匀。

（2）炒糖色时要用小火，不断搅拌，要仔细观察糖色的变化。

（3）注意水油的混合比例。

相关菜品：

用此菜的烹调方法还可以制作拔丝圣女果、拔丝山楂等菜品。

思考与练习：

（1）为什么葡萄不需要复炸？

（2）为什么要等糖浆由稀变稠后再倒入葡萄？

[趣味阅读]

拔丝的方法

拔丝有三种方法具体如下。

（1）第一种方法是油拔，这种方法用时短，缺点是不好掌握火候。锅里放少许油加热到 4 ～ 5 分热时放入白糖，用勺子慢慢搅动，使白糖慢慢熔化，可以用勺子舀起糖稀慢慢倒下来，然后观察黏稠度和颜色，当颜色变深并黏稠了，快速关火。

（2）第二种方法是水拔，这种方法的优点就是容易掌握，颜色晶亮；缺点是锅要重新刷过，不可以有杂物、水迹，且冷却速度快，容易返砂。在锅里加入少许的水和白糖，用勺子慢慢搅动，当大泡变成小细泡、糖稀黏稠的时候，就可以倒入食材了。

（3）第三种方法是水油拔。饭店里大多使用这种方法，但对火候掌握要求较高，优点是颜色漂亮。将白糖和水放进锅内后不停搅动，淋入油，直至黏稠，大泡消失。

单元⑦ 挂霜

[情境导入]

"挂霜"一词在宋代时就有文字记载了。明代《宋代养生部》一书中记载了这样的一种操作方法：在白糖加热熔化后，"投以果物和匀，宜速离火，俟其糖少凝……"所谓"俟其糖少凝"，是指要稍等片刻，使糖凝固。只有挂霜的菜肴，在"投以果物和匀"后，才需要等到糖浆凝固成霜。因此，"俟其糖少凝"中的"凝"字可能的意思是由于离开火位，糖浆温度降低而再度结晶，在原料表面形成了一层白霜。

炒糖色在炒制过程中有四个拐点：挂霜、拔丝、琥珀、糖色。在炒糖的整个过程中，水糖混合被加热溶化以后，经过小火慢熬，首先糖液会变成挂霜这个形态；接着继续熬，将糖液提起后便能拉出拔丝的效果；在此基础上继续熬 3 秒，颜色就会变成漂亮、高贵的琥珀色；最后加热水一熬，就成了制作卤肉可以使用的糖色了。

[相关知识]

"挂霜"是指主料在初加工后改刀成块、片或丸子，然后经走油处理，包裹一层糖液，冷却后撒上白糖的一种烹调技法。

分类：撒糖挂霜法（撒霜）、裹糖挂霜法（返霜）。

（1）撒糖挂霜法，又称撒霜，是指将炸好的原料放在盘中，上面直接撒上白糖的烹调技法。

（2）裹糖挂霜法，又称返霜，是指将白糖加少量水或油熬溶收浓，再把炸好的原料放入其中拌匀，然后取出冷却。

火候：中火。

制品特点：色泽洁白，香甜酥脆。

适用范围：于核桃仁、花生仁、银杏、腰果、香蕉、苹果、雪梨、排骨、猪肥膘等。

总之，"挂霜"是制作不带汁冷甜菜使用的一种常见烹调方法。在制作过程中、主料挂糊不宜过薄，且在浸炸时，火力不要过旺，以免由于颜色过深或糊壳过硬而影响口感。起锅时，一定要将挂上浆的原料分开，否则就会粘连在一起。有一种做法是将裹上糖浆的原料倒入炒熟的米粉堆里搅散，这样可以使其更美观；二来又可以马上做到粒粒分散。糯米粉还可换成可可粉、芝麻粉等（也可将可可粉径直拌入糖浆再下料拌匀），使菜品别有风味。

[菜例]

🍳 一、挂霜花生米

挂霜花生米如图 3.43 所示。

烹调方法： 挂霜。

菜品味型： 甜香味。

食材原料：

主料：花生米 300 克。

调料：白糖 150 克，清水 100 克。

工艺流程：

烤制→烹调→成菜装盘。

制作过程：

图 3.43　挂霜花生米

1．初加工

将花生米放入烤箱烤至酥脆，待冷却后去皮。

2．烹调

在锅内加入清水和白糖用小火熬制糖液，至糖液全部冒出黏稠的白色大泡转小泡时，倒入花生米，离火快速推动花生米使之均匀挂满糖液，晾凉至花生米发白即可。

成品特点：

色泽洁白，甜香酥脆。

操作关键：

（1）花生米要去皮，否则在制作过程中会掉皮。

（2）熬制糖液时要将锅刷干净，用小火慢熬。

（3）离火后要快速推动，否则花生米会粘在一起。

相关菜品：

用此菜的烹调方法还可以制作挂霜核桃仁、挂霜腰果、挂霜银杏等菜品。

思考与练习：

（1）如何判断糖液熬制的火候？

（2）挂霜时为什么容易出现"翻砂"的情况？

[趣味阅读]

糖色的变化

首先，在锅中放入冰糖或者白糖，然后倒入适量清水，再倒入少许食用油，起到润滑和加速焦化的作用。

（1）挂霜：熬糖时，将大泡熬至小泡，这个过程称挂霜，挂霜花生、挂霜山楂就是这样来的，比如将花生倒入糖浆中翻炒，出来的颜色是糖粉色。

（2）拔丝：挂霜接着熬至香油色，就是拔丝阶段，拔丝香蕉、拔丝苹果就是这样来的。比如，将拔丝香蕉裹上糊炸至金黄色，倒入糖浆中，翻炒均匀，吃的时候拉丝，就叫拔丝。

（3）琉璃色：接着转成小火，把糖熬成琥珀色，就是琉璃色。把山楂串在里面滚一下，就制成糖葫芦串了。

（4）糖色的变化如图3.44所示。红烧色：接着，用小火把糖熬成枣红色，倒入热水，就成为红烧肉、卤制品中的糖色了。

（a）

（b）

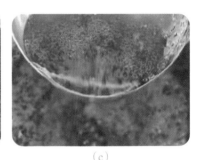
（c）

图 3.44　糖色的变化
（a）挂霜；（b）拔丝；（c）琉璃色

二、挂霜山楂

挂霜山楂如图3.45所示。

烹调方法：挂霜。

菜品味型：甜酸。

食材原料：

主料：山楂500克。

配料：玉米淀粉30克。

调料：冰糖50克，白糖100克，白醋5克，清水100克。

图 3.45　挂霜山楂

工艺流程：

初加工→熬糖液→挂霜→装盘。

制作过程：

1．初加工

（1）将山楂清洗干净，沥干表面水分备用（也可以将山楂去核）。

（2）将玉米淀粉放入烤箱烤熟备用。

2．烹调

在锅内加入清水、白糖、冰糖小火熬制糖液至挂霜火候（不停搅拌，以防止糊锅）；再将白醋加入搅动均匀，倒入处理好的山楂并迅速搅拌均匀。随后把玉米淀粉均匀快速地筛在山楂上，并迅速颠翻拌匀（这个步骤中的所有搅拌动作的速度都要快）。

操作关键：

（1）熬制挂霜火候过程要用小火，还要不停搅动。

（2）筛入玉米淀粉时的动作要快。

成品特点：

色泽洁白，香甜可口。

相关菜品：

用此菜的烹调方法还可以制作挂霜山药豆、挂霜丸子等菜品。

思考与练习：

（1）为什么制作此菜各环节的速度都要快？

（2）为什么要使用白醋？

［趣味阅读］

炒糖色返砂后的补救措施

（1）若火候没到，糖还没彻底融化，迅速降温就会导致返砂，拯救方法：可以加少许色拉油，用小火继续翻炒，在炒至颜色呈鸡血红时加入清水，继续煮开即成糖色。

（2）若放入的是冷水，糖浆在极速降温下白糖迅速凝结成块状。拯救方法：改用热水加入糖色，加热继续熬煮至糖浆熔化。

（3）若锅不够干净，或者操作过程中有异物进入，又或者油不够干净，含有碎屑油炸残渣，熬糖色时也会出现翻砂的现象。拯救方法：加热继续熬煮。

（4）若火太大，锅不够润滑，锅边的糖浆烟化，与锅内干净的糖浆搅在一起，也会出现翻砂现象。拯救方法：去除烟化的糖浆，用小火继续加热熬煮糖浆。

模块检测

一、填空题

1. 油烹法是一种常用的烹饪方法，主要通过_____将热能传递给原料，使其_____。油烹法包括多种烹调方法，如_____、_____、_____、_____等。

2. 炒分为生炒和熟炒。生炒是指_____；而熟炒则是指_____。

3. "_____"是将经过加工处理后的烹饪原料，经过调味，挂糊或不挂糊，放入具有一定温度的大油量热油锅中，使原料成熟并达到质感要求的烹调方法。

4. 拔丝，又称_____，是中国传统的烹饪技艺，起源于古代的熬糖法。

5. 油烹法是一种重要的烹饪方法，通过掌握_____、选择合适的油、_____等要点，可以烹饪出色香味俱佳的菜肴。

6. 软炸是指将_____经过_____、_____、_____，放入热油锅中，用急火加热成熟的烹调技法，如软炸腰花。

7. "酿"即"包"之意。酿煎是指_____，再小火煎制成熟的烹调技法。

二、选择题

1. 采用炒的烹调方法制作的菜品是（　　　　）。
A．水煮肉片　　　　B．宫保鸡丁　　　　C．酸菜鱼　　　　D．奶汤娃娃菜

2. 采用炸的烹调方法制作的菜品是（　　　　）。
A．水煮肉片　　　　B．宫保鸡丁　　　　C．炸藕盒　　　　D．奶汤娃娃菜

3. 采用炸熘的烹调方法制作的菜品是（　　　　）。
A．糖醋里脊　　　　B．宫保鸡丁　　　　C．炸藕盒　　　　D．干煸辣子鸡

4. 制作拔丝山药时应（　　　　）。
A．拍粉　　　　B．挂全蛋糊　　　　C．挂蛋清糊　　　　D．不拍粉、不挂糊

5. 属于软炸的菜品是（　　　　）。
A．麻婆豆腐　　　　B．宫保鸡丁　　　　C．炸藕盒　　　　D．软炸腰子

6. 属于酥炸的菜品是（　　　　）。
A．酥炸蹄筋　　　　B．宫保鸡丁　　　　C．炸藕盒　　　　D．软炸腰子

7. 属于挂霜的菜品是（　　　　）。
A．拔丝苹果　　　　B．挂霜花生　　　　C．拔丝地瓜　　　　D．糖醋里脊

8．银牙鸡丝的烹饪技法是（　　　）。

A．炸　　　　　　　　B．煨　　　　　　　　C．炒　　　　　　　　D．烩

9．桂花山药的烹饪技法是（　　　）。

A．炸　　　　　　　　B．煨　　　　　　　　C．炒　　　　　　　　D．烩

三、简答题

1．"炸"这种烹调技法具体分为哪些类型？

2．挂霜花生米的操作关键是什么？

3．制作拔丝类菜肴的火候和油温有哪些注意事项？

4．请列举"煎"的烹饪技法，并举例说明其制作过程。

模块 4 凉 菜

学 习 目 标

素养目标

1. 培养学生制作营养膳食的能力。

2. 培养学生勤练技能、刻苦钻研。

知识目标

1. 了解凉菜的特点。

2. 了解凉菜的烹调方法。

技能目标

1. 掌握凉菜制作过程中初步熟处理的方法。

2. 掌握凉菜的各类烹调方法与菜品质量控制的方法。

凉菜模块导入

模块导入

    凉菜有"见面菜"或"迎宾菜"之称，在宴会上最先端上桌。凉菜在中国有着悠久的历史，根据史料记载，殷商王室为了祭祀神灵及祖先，便使用陶瓷和各种鼎来盛装熟肉食品。《礼记》中有类似现代凉拼盘的"饤"的描述。到了隋朝，已经发展出了花式凉拌菜。而到了汉朝，凉菜已经随处可见。

    当今凉菜已成为人们饮食生活中不可缺少的一部分，无论是国宴，还是大众酒席或是冷餐酒会，均少不了凉菜，尽管规格、标准和形式不一，但凉菜在调节生活方式、增添生活情趣、渲染喜庆气氛、烘托节日乐趣、增进中外友谊等方面，都起到了积极的作用。同时，不管是世界烹调大赛，还是国家烹调大赛，凉菜制都被列为中餐比赛的主要项目之一。近年来，我国多次派出选手参加世界烹调大赛，他们制作的凉菜屡次荣获奖牌，为祖国争得了荣誉。

单元 1　凉拌

[情境导入]

"凉拌"这种烹调方法已有悠久的历史。古代的饮食文献中就有对凉拌的记载。例如,《食品录》中记载了凉菜的许多种制作方法,如凉拌芹菜、凉拌薄荷等。东汉时期,人们已经开始使用酱油、姜、蒜等给凉菜调味了。随着时间的推移,凉拌逐渐发展成了一种独特的烹调方法,成为中国菜肴中不可或缺的一部分。在凉菜中,调味料才是灵魂所在。糖、香油、醋、盐、辣椒油等调料赋予了每道凉菜不同的味道。在吃之前,将各种食材连同酱汁拌均匀,酸、辣、甜、麻香味在口腔中散开,开胃又可口。

凉拌黄瓜在中国饮食文化中有着非常重要的地位,不仅美味,更是代表了传统文化。

据传,凉拌黄瓜起源于明朝,由一位名叫"杨琏"的太监制作出来。杨琏是明朝时期的一位美食家,他非常喜欢研究美食,还喜欢介绍给别人。某次,杨琏在巡视时来到了一个偏远的村庄。当时,他感到非常口渴,看到村民正在吃凉拌黄瓜。杨琏很好奇,就询问村民这种菜的做法。回去后,杨琏将凉拌黄瓜的做法告诉其他官员。随着时间的推移,凉拌黄瓜逐渐成为中国传统菜肴之一,并且在不同的地区有不同的做法。

除了杨琏之外,历史上还有许多其他的名人和美食家都与凉拌黄瓜有关。例如,清朝时期的文学家曹雪芹在《红楼梦》中就曾经提到过凉拌黄瓜,还描述了它的口感。

[相关知识]

"凉拌"是将生料或晾冷的熟料加工成小型的丝、丁、片、条等形状,再加入所需的调味品将其制成菜的一种烹调方法。

一、凉拌

凉拌按其操作方法和成菜形式,分为拌味汁、淋味汁、蘸味汁三种。

1．拌味汁

拌味汁是指把按要求调制好的味汁放入切好的原料中拌匀、装盘。这种方式的特点是原料与味汁拌匀入味，但造型不够美观。

2．淋味汁

淋味汁是将经过熟处理后的原料，晾凉后进行刀工处理装盘，在临走菜时将事先调好的味汁，淋入装盘的原料上即成。这种方式的特点是造型美观，口感清爽。

3．蘸味汁

蘸味汁是将经初加工或初步熟处理后的原料，经刀工处理后装盘，再将事先调制好的味汁放在味碟内一同上桌，由客人自蘸自食。这种方式的特点是造型美观，调味汁的用量较大。

二、凉拌菜

凉拌菜根据原料的生熟程度不同，分为生拌、熟拌和生熟混合拌三种。

1．生拌

生拌是将可食用的原料经刀工处理后，直接加入调料汁拌制成菜的技法。一定要选择新鲜脆嫩的蔬菜或其他可生食的原料，将其用清水洗净，然后切配成形，最后加入调味品拌制。对于异味偏重的原料，需要用盐腌制，以去除异味。

2．熟拌

熟拌是将生料加工熟制、晾凉后改刀，或改刀后烹制成熟原料，加入调味汁拌制成菜的技法。熟拌的原料需经过焯水、煮烫，要求沸水下锅，断生后即可。接下来，趁热加入调味品拌匀，否则不易入味。若要保持原料的质地和色泽，则应从沸水锅中捞出后随即晾开或浸入凉开水中散热。

3．生熟混合拌

生熟混合拌是将生、熟主料和配料切制成形，然后拼摆在盘中，加入调味汁拌匀或淋入调味汁成菜的技法。生熟混合拌的烹饪原料，其生熟原料应按一定的比例配制。操作时应注意，一定要等熟料凉透后再与生料一起拌制。

总之，凉拌菜具有用料广泛、品种丰富、制作精细、鲜嫩香脆、清爽利口的特点。凉拌菜多数为现吃现拌，也有的先用盐或糖调味，拌时先沥干汁水，再调拌成菜。

[菜例]

一、麻辣鸡丝

麻辣鸡丝

麻辣鸡丝如图 4.1 所示。

烹调方法：凉拌。

菜品味型：麻辣咸鲜，香嫩适口。

食材原料：

主料：鸡脯肉 400 克。

配料：青、红椒各 10 克，木耳 10 克，熟白芝麻 3 克，大葱 10 克，大蒜 6 克，香菜 5 克，姜 10 克。

调料：盐 2 克，花椒油 5 克，花椒 6 克，生抽 3 克，白酱油 2 克，味精 2 克，白糖 3 克，鸡汁 3 克，辣鲜露 4 克，辣椒油 2 克，香油 2 克，白醋 2 克，料酒 5 克。

图 4.1　麻辣鸡丝

工艺流程：

初加工→刀工处理→煮制→拌制→成菜装盘。

制作过程：

1．初加工

（1）将青、红椒去蒂，洗净；葱、姜、蒜去皮，洗净；香菜去叶、去根，洗净。

（2）将木耳用开水泡发。

2．切配

将青、红椒切丝，大葱切丝，大蒜剁末，木耳切丝，香菜切段。

3．烹调

（1）在汤桶内加入清水，将鸡脯肉放进去，加入盐、味精、料酒、大葱、姜、花椒煮至鸡脯肉熟透捞出晾凉。

（2）将鸡脯肉撕成条状。

（3）把青椒丝、红椒丝、大葱丝、木耳丝、大蒜末、香菜段、熟白芝麻、鸡脯肉放入盆内，加入盐、花椒油、生抽、白酱油、味精、白糖、鸡汁、辣鲜露、辣椒油、香油、白醋抓拌均匀装盘即可。

成品特点：

色泽艳丽，咸鲜麻辣，香嫩适口。

操作关键：

（1）将鸡脯肉煮熟，但不能太老。

（2）拌制时要先加入干类调味料略拌，再加入其他调料拌制。

相关菜品：

用此菜的烹调方法还可以制作花生拌苦菊、芥味拌海螺等菜品。

思考与练习：

（1）凉拌类菜品拌制时有哪些注意事项？

（2）热菜可以放凉后再吃吗？

[趣味阅读]

凉菜食品安全要求

（1）食材选择：选择新鲜、无异味、外观良好的食材作为凉菜的原材料。避免使用已经变质、腐烂或过期的食材。

（2）食材处理：在凉菜的制作过程中，要进行充分的处理。蔬菜和水果应该冲洗干净，去除沙土、农药残留等，切割前要清洗刀具。

（3）食品储存：凉菜需要在适当的温度下条件保存。低温保存可以减缓细菌的生长速度。应将凉菜保存在冰箱中，确保温度在 4℃ 以下。

（4）卫生条件：在制作凉菜的过程中，要保持良好的卫生条件。操作者应该洗手并穿戴清洁的工作衣帽，避免直接接触食品而产生交叉污染。工作环境也应保持清洁。

（5）食品加工：在凉菜的加工过程中，要避免生食与熟食混合，还要将食材彻底煮熟。特别是对于海鲜类凉菜，应确保煮熟并消除其中的寄生虫风险。

（6）保存时效：凉菜的保存时间不应超过 3 天，以确保新鲜和安全。如果凉菜经过长时间保存后出现异常味道、变色或变质等现象，应立即丢弃。

（7）食品来源：购买凉菜时，要选择可靠的商家，并确保食材来自正规渠道，从而避免购买和食用质量不合格的产品。

特别需要注意的是，对于凉菜中的肉类、海鲜和蛋类等易受污染和易滋生细菌的食材，更要严格遵守食品安全规则。

二、凉拌三丝

凉拌三丝

凉拌三丝如图 4.2 所示。

烹调方法：凉拌。

菜品味型：咸鲜脆嫩。

食材原料：

主料：咸菜疙瘩 300 克。

配料：鲜青、红椒各 5 克，香菜 5 克。

调料：精盐 3 克，味精 2 克，白酱油 5 克，苹果醋 5 克，白醋 5 克，白糖 5 克，花椒油 5 克，辣椒油 5 克，香油 2 克。

工艺流程：

初加工→刀工处理→拌制→成菜装盘。

图 4.2　凉拌三丝

制作过程：

1．初加工

将咸菜疙瘩、青椒、红椒洗净，香菜去叶、去根洗净备用。

2．切配

将咸菜疙瘩切丝，放在清水里泡去咸味；将香菜切段，鲜青、红椒切丝。

3．烹调

（1）锅内加水烧热，加入咸菜丝，烫一下捞出，放入冰水中回凉备用。

（2）将咸菜丝捞出控净水分放入盆内，加入青椒丝、红椒丝、香菜、精盐、味精、白糖、白酱油、苹果醋、白醋、花椒油、辣椒油、香油，抓拌均匀装盘即可（在加入调料之前，要先加入粉状或颗粒状调料拌一下，以免由于先加入液体调料再加入粉状或颗粒状而导致调料不容易入味）。

成品特点：

口味咸鲜清脆。

操作关键：

（1）要将咸菜疙瘩切得粗细均匀，以约 6 厘米长、0.2 厚厘米的粗条为宜。

（2）在烫制咸菜丝时，将其下入开水中后要快速回凉，以保持其脆度。

相关菜品：

用此菜的烹调方法还可以制作凉拌莴笋、芥辣拌木耳等菜品。

思考与练习：

（1）为什么要将咸菜丝放入冰水里回凉？

（2）加入调料时为什么要先放入粉状或颗粒状调料拌一下？

[趣味阅读]

味觉之间的相互影响

1．味的对比现象

味的对比现象（又称"味的突出"）就是指将两种或两种以上的呈味物质以适当的浓度调配在一起，使其中一种呈味物质的味觉更为协调可口的现象。例如，在制作甜酸味型类菜肴时，在调味汁中加入适量的盐，可使甜味增强，从而达到使菜肴甜酸适口的目的。制汤时，若要使汤汁鲜醇，也需要加入适量精盐，以增加鲜味。

2．味的消杀现象

味的消杀现象（又称"味的掩盖"）就是指将两种或两种以上的呈味物质以适当浓度混合后，使每种味觉都减弱的现象。如烹制水产品、家畜内脏等有腥膻异味的原料时，所使用调料的种类和用量应相对增加，以减轻或去除原料中的异味。此外，当发现咸味过重时，应适当加入白糖。

3．味的相乘现象

味的相乘现象（又称味的相加）就是指两种相同味感的呈味物质共同使用时，其味感增强的现象。例如，在制作清汤时适量加入味精，可使汤汁鲜味的味感倍增。

4．味的变调现象

味的变调现象（又称味的转化）就是指将多种不同味道的呈味物质混合使用，使它们的本味均发生转换的现象。例如，人们在食用过味道较浓厚的菜品后，再食用味道较清淡的菜品便会感觉淡而无味。所以，在设计筵席菜单时，应合理安排上菜的顺序，以满足进餐者口味的需求。筵席上菜时对味道的要求是先上味道清淡的菜肴，后上味道浓厚的菜肴；先上咸味的菜肴，后上甜味的菜肴。这样可以避免由于味道的相互转换而影响口感。

三、娃娃菜拌海蜇

娃娃菜拌海蜇如图 4.3 所示。

烹调方法：凉拌。

菜品味型：咸鲜。

娃娃菜拌海蜇

食材原料：

主料：海蜇皮 300 克。

配料：娃娃菜 200 克，蒜 30 克，鲜红椒 1 个，香菜 5 克。

调料：白醋 10 克，苹果醋 5 克，白酱油 10 克，白糖 15 克，盐 3 克，味精 2 克，鸡汁 2 克，香油 5 克。

图 4.3　娃娃菜拌海蜇

工艺流程：

初加工→刀工处理→焯水→拌制→成菜装盘。

制作过程

1. 初加工

（1）将鲜红椒去蒂，洗净，香菜去根、去大叶，洗净。

（2）将海蜇皮外表的杂质摘洗干净，入清水浸泡去除盐分。

2. 切配

（1）将娃娃菜、鲜红椒切丝。

（2）将蒜切末，香菜切段。

3. 烹调

（1）在锅内加水并烧至 80 ℃，将海蜇皮放入轻轻烫一下，立刻捞出并回凉，切丝后放入清水内浸泡去盐分。

（2）将海蜇丝挤干水分，加入娃娃菜丝、鲜红椒丝、香菜段、蒜末、盐、白酱油、鸡汁、白醋、苹果醋、白糖、味精、香油拌匀即可。

成品特点：

色泽亮丽，咸鲜酸甜，脆爽适口。

操作关键：

（1）焯海蜇皮时要用 80 ℃的水，且时间要短，然后迅速捞出，放入凉水中回凉。

（2）拌此菜要使用白酱油，以免影响色泽。

相关菜品：

用此菜的烹调方法还可以制作凉拌鱼皮、黄瓜拌蜇头等菜品。

思考与练习：

（1）制作娃娃菜拌海蜇时，为什么要用 80 ℃的水焯一下海蜇皮？

（2）为什么要在此菜中加入白酱油？

[趣味阅读]

常见凉菜味型的特点及应用

（1）红油味型。其特点是咸、鲜、微甜、香辣，如"红油肚丝""红油百叶"等。

（2）姜汁味型。其特点是咸、鲜、香辣，姜味突出，如"姜汁蟹柳""姜汁松花蛋"等。

（3）蒜泥味型。其特点是咸、鲜、辣、微甜，蒜香浓郁，如"蒜泥白肉""蒜泥腰片"等。

（4）椒麻味型。其特点是咸、鲜、麻香，如"椒麻鸭块""椒麻仔鸡"等。

（5）怪味型。其特点是咸、甜、辣、酸、香、鲜，如"怪味鸡""怪味鸭条"等。

（6）咸鲜味型。其特点是咸、鲜、香，如"拌三丝""炝黄瓜条"等。

（7）芥末味型。其特点是咸、鲜、香辣、微酸，如"芥末鸭掌""芥末白菜墩"等。

（8）麻酱味型。其特点是咸、鲜，麻酱香味浓郁，如"麻酱三鲜""麻酱粉皮"等。

（9）麻辣味型。其特点是麻辣、咸、鲜、香，如"麻辣牛肉""麻辣鸡丝"等。

（10）鱼香味型。其特点是咸、酸、甜、辣，葱姜蒜味浓郁，如"鱼香鸡条""鱼香豆丝"等。

（11）甜酸味型。其特点是甜、酸、香、微咸、鲜，如"糖醋小排""糖醋菜卷"等。

（12）五香味型。其特点是咸、鲜、微甜，香味浓郁，如"五香鱼""五香鸭"等。

（13）酱香味型。其特点是咸、鲜、香甜，酱香味浓，如"酱牛肉""酱猪蹄"等。

（14）烟香味型。其特点是以咸、鲜为主，烟香味浓，如"熏鱼""熏鸡"等。

马家沟芹菜拌
虾干

四、马家沟芹菜拌虾干

马家沟芹菜拌虾干如图 4.4 所示。

烹调方法： 凉拌。

菜品味型： 咸鲜、脆嫩。

食材原料：

主料：马家沟芹菜 200 克。

配料：虾干 25 克，红小米椒 1 个。

调料：鸡汁 2 克，苹果醋 3 克，白醋 2 克，白酱油 2 克，白糖 5 克，盐 2 克，味精 2 克，香油 2 克。

图 4.4　马家沟芹菜拌虾干

工艺流程：

初加工→刀工处理→拌制→成菜装盘。

制作过程：

1. 初加工

将马家沟芹菜去根、去叶并洗净，虾干用温水泡发。

2. 切配

将马家沟芹菜用刀轻拍一下切成长约 5 厘米的段，放入冰水内浸泡约半小时，小米椒切丝。

3. 拌制

将马家沟芹菜捞出控净水分备用，另取盆，在其中加入鸡汁、苹果醋、白酱油、白醋、盐、白糖、味精、香油用筷子搅匀调成味汁，把马家芹、虾干、小米椒加入调好的味汁中拌匀装盘即可。

成品特点：

咸鲜脆嫩，清香可口。

操作关键：

（1）将马家沟芹菜放入冰水中浸泡。

（2）切马家沟芹菜前要先用刀轻拍一下。

相关菜品：

用此菜的烹调方法还可以制作爽口莴苣丝、花生拌苦菊、菜心拌虾干等菜品。

思考与练习：

（1）将马家沟芹菜放在冰水中浸泡的作用是什么？

（2）为什么要用刀轻拍一下马家沟芹菜？

[趣味阅读]

马家沟芹菜简介

马家沟芹菜（图 4.5）是山东省著名地方特产之一，原产于青岛平度市李园街道办事处马家沟及其周边村庄，种植历史悠久。2007 年，其被授予"2007 青岛市食品质量放心品牌"和"岛城十大商标"（农产品类），获国家地理标志保护产品，成为中国第一个叶类蔬菜地理标志保护产品。独特的种植技术和生态环境不仅使马

图 4.5　马家沟芹菜

家沟芹菜叶茎嫩黄、梗直空心、棵大鲜嫩、清香酥脆，而且含有钙、铁、维生素 A、维生素 C 等。马家沟芹菜属于粗纤维蔬菜，且含有芹菜油，具有独特的芳香气味，可以促进食欲。

五、肉丝五彩拉皮

肉丝五彩拉皮如图 4.6 所示。

烹调方法：凉拌。

菜品味型：咸鲜微辣。

食材原料：

主料：猪里脊肉 100 克，拉皮 300 克。

配料：胡萝卜 10 克，青椒 10 克，鲜红椒 10 克，木耳 15 克，黄瓜 40 克，香葱 20 克，大蒜 10 克，葱、姜各 5 克，鸡蛋 1 个，凉白开水 100 克。

图 4.6　肉丝五彩拉皮

调料：色拉油 30 克，盐 3 克，甜面酱 10 克，生抽 4 克，老抽 2 克，白醋 20 克，白糖 8 克，香油 10 克，味精 6 克，麻汁 30 克，淀粉 8 克，料酒 2 克。

工艺流程：

初加工→刀工处理→炒制→拌制→成菜装盘。

制作过程：

1．初加工

（1）将青椒和鲜红椒去蒂洗净，香葱去根、去叶洗净，胡萝卜去皮洗净，葱、姜、蒜去皮洗净。

（2）将木耳用开水泡发。

（3）把麻汁、白醋、香油、生抽、白糖、凉白开水混合搅匀调成味汁再加入蒜末备用。

2．切配

（1）将里脊肉切丝，青椒切丝，鲜红椒切丝，拉皮切条。

（2）将胡萝卜、黄瓜、木耳、葱、姜切丝，香菜、香葱切段，大蒜剁碎。

3．烹调

（1）把肉丝用鸡蛋清、盐、味精、料酒、湿淀粉抓匀上浆备用。

（2）锅内加入色拉油，下入肉丝滑油备用。

（3）锅内加入色拉油，下入葱姜丝爆香，加入肉丝、生抽、老抽、甜面酱略炒，用湿淀粉提芡后出锅。

（4）把胡萝卜丝、黄瓜丝、木耳丝、青椒丝、鲜红椒丝、香菜段、香葱段、拉皮摆入盘中（把肉丝放在当中），把调好的味汁浇在上面并拌匀即可。

成品特点：

咸鲜滑爽，麻汁香浓郁。

操作关键：

（1）将菜端上桌后，服务员当着客人的面拌制。

（2）刀工精致，造型美观。

相关菜品：

用此菜的烹调方法还可以制作捞汁西葫芦、爽口拉皮等菜品。

思考与练习：

（1）为什么要当着客人的面拌制菜品？

（2）造型美观、刀工精致会起到烘托宴席氛围的作用吗？

[趣味阅读]

食物的相生相克

相生的食物如下。

（1）白菜＋虾仁：白菜有较高的营养价值，虾仁含有丰富的钙、高蛋白等物质，两者同吃可以预防便秘。

（2）韭菜＋鸡蛋：有补肾的作用，肾虚的人可以适当吃一些。

（3）白萝卜＋猪肉：可帮助脾胃消化。

（4）香菇＋豆腐，香菇与豆腐同食，可健脾养胃、增强食欲。

相克的食物如下。

（1）黑木耳＋白萝卜：两者同时吃可能会出现皮炎、皮癣的症状。

（2）红薯＋鸡蛋：红薯和鸡蛋都属于是比较饱腹的食物，两者同吃可能会导致消化不良、腹胀。

（3）西瓜＋羊肉：西瓜属于凉性水果，而羊肉属于热性食物，两者同吃可能会导致肠胃受损，出现腹痛、腹泻的症状。

（4）柠檬＋橘子：橘子和柠檬中的果酸含量要高于一般水果，大量食用会促进胃酸分泌，两者同吃可能还会引起消化道溃疡。

肠胃、消化系统有疾病的人群在吃东西时一定要注意避免吃相克的食物，以免身体不适。

🍳 六、爽口拌牛蒡

爽口拌牛蒡

爽口拌牛蒡如图 4.7 所示。

烹调方法：凉拌。

菜品味型：咸鲜脆口。

食材原料：

主料：鲜牛蒡 200 克。

配料：鲜青、红椒各 3 克，香菜 2 克，熟芝麻 1 克。

调料：花椒油 5 克，白糖 2 克，盐 3 克，味精 2 克，香油 2 克，苹果醋 3 克，白酱油 3 克，白醋 2 克。

工艺流程：

初加工→刀工处理→拌制→成菜装盘。

图 4.7 爽口拌牛蒡

制作过程：

1. 初加工

将牛蒡去皮，洗净；青、红椒去蒂，洗净；香菜去根、去叶，洗净。

2. 切配

将牛蒡切成约 0.2 厘米粗细的丝（放冰水里浸泡约 1 小时），青、红椒切丝，香菜切段。

3. 拌制

把牛蒡控干水分，加入精盐、味精、花椒油、香油、苹果醋、白糖、白酱油、白醋、香菜段、青椒丝、红椒丝抓拌均匀装盘，上面撒上熟芝麻即可。

成品特点：

色泽洁白，清脆爽口，口味咸鲜。

操作关键：

（1）牛蒡丝的粗细要均匀。

（2）把牛蒡放在冰水里浸泡，以增加其爽脆度。

相关菜品：

用此菜的烹调方法还可以制作凉拌莴苣丝、凉拌苦菊、爽口蚂蚱菜等菜品。

思考与练习：

（1）为什么要用冰水浸泡牛蒡？

（2）拌制牛蒡时要注意哪两个关键点？

[趣味阅读]

牛蒡的食用方法

牛蒡（图 4.8）是一种中药材，味苦、性寒，归肺、心经，具有疏散风热、宣肺透疹、解毒利咽的功效，常用于治疗风热感冒、咳嗽、咽喉肿痛、痄腮、丹毒、痈肿疮毒等病症。牛蒡可煎汤服用，也可捣成汁服用，还可以凉拌。另外，牛蒡还可以泡制茶水，但味道偏苦，有疏风散热的作用，还能润肠通便。

图 4.8　牛蒡

需要注意的是，牛蒡性寒，故脾胃虚寒的人和对牛蒡过敏的人均不宜食用。如果在食用牛蒡后出现不适症状，建议大家及时就医，以免延误病情。

单元 2　预制凉菜

[情境导入]

现在，预制凉菜产品的种类越来越丰富，分类也越来越细，销售渠道呈现多样性，发展空间很广阔。预制凉菜的味型，随着口味的多样性，变得更具有广阔的延展性和创新性。

[相关知识]

使用预制凉菜制成的菜肴要先晾凉，再切配、拼盘、食用。这样制作出来的菜肴具有酥、软、干、香的特点，令人回味悠长。其常用的烹调方法有卤、冻、白煮、炸收等。

根据不同的口味和食材组合，预制凉菜分为以下几种。

（1）蔬菜类预制凉菜：包括凉拌金针菇、凉拌莴笋、凉拌小皮蛋、凉拌黄瓜、凉拌苦瓜、凉拌秋葵等，这些菜品通常以新鲜蔬菜为主要材料，搭配各种调料和配料。

（2）肉类及海鲜类预制凉菜：如烧椒拌牛肉、烟熏凤爪酿鲜鱿、鲜椒牛双脆等，这类菜品则是以肉类或海鲜为主，通过独特的烹饪工艺和调味方法，使成品具有丰富的口感和风味。

按照不同的用途和特点，预制凉菜分为即食类、即热类、即烹类和即配类。

（1）即食类预制凉菜是指已经完成杀菌熟制的食品，可以直接食用。

（2）即热类预制凉菜则需要简单地加热。

（3）即烹类预制凉菜则是经过初步加工的主料，需要进行进一步的烹调。

（4）即配类预制凉菜则是经过基础加工的半成品，适合有一定烹调水平的消费者自行搭配或进一步加工。

预制凉菜常用的技法主要有以下几种。

1．泡的技法

"泡"是以时鲜蔬菜及应时水果为原料，初步加工后用清水洗净晾干，不需要加热，直接放入泡菜卤水中泡制的一种制作方法。泡制凉菜的特点是质地鲜脆、清淡爽口、咸酸辣甜、风味独特。

按照泡制卤汁及选用的原料，泡大体分为咸泡和甜泡两种。咸泡卤汁主要运用精盐、白酒、花椒、姜、干辣椒、大蒜、泡椒、糖等调味品，成品以咸、辣、酸为主。甜泡是在卤水中加入以白糖、红糖、白醋等为主的调味品，口味酸甜。

2．冻的技法

"冻"又称水晶，是指用含有胶质的原料（如琼脂、肉皮、鱼胶粉等）加入适量的水，经过煮、蒸、过滤等工序制成较稠的汤汁，再倒入成熟的原料中，待冷却后凝固成菜的制作方法。冻制凉菜具有晶莹透明、软嫩滑韧、清凉爽口、造型美观的特点。

根据口味不同，冻分为咸冻和甜冻两种。咸冻是以精盐、味精等作为主要调味品，口味咸。甜冻是以白糖、食用香精等为主要调味品，口味香甜。

3．酱的技法

"酱"就是指将腌制后经过焯水或油炸的半成品放入各种调味料配制的酱汁中，用大火烧沸转至中小火煮至原料成熟、上色的烹调方法。酱制凉菜具有酥烂味香、色泽酱红的特点。

根据酱制方法的不同，酱分为普通酱和特殊酱两种。普通酱一般先配酱汁，酱菜一般多浸在酱汁中以保持新鲜，避免发硬和干缩变色。特殊酱是在普通酱的基础上增加用糖量，再加入红曲米上色。

4．醉的技法

"醉"就是指把原料用以酒为主的调味汁浸渍或用酒直接浸渍，食用时再调味成菜的制作方法。醉制凉菜具有酒香浓郁、鲜爽适口、保持原料本色味的特点。

按所用调料的不同，醉分为红醉和白醉；按制作原料方法的不同，醉分为生醉和熟醉。生醉就是选用鲜活原料，加入醉卤汁直接醉制，成品不需要加热即可食用，具有味道鲜美、风味独特的特点。熟醉就是先将烹饪原料加工成熟，再用醉卤汁浸泡的一种制作方法，其具有味鲜嫩滑、酒香扑鼻的特点。

总之，凉菜制作是中餐烹调技艺中的重要组成部分，其融入"艺术、绘画、雕刻、文学"等领域的烹调方法独树一帜。预制凉菜常用的烹调方法有酱、卤、泡、醉等十几种，在制品上讲究味深入骨、香透肌理，具有干香鲜醇、脆嫩爽口、冷吃味醇的特点，因其精湛加细腻，传承与味道，结合刀工所创造出的艺术美，在餐饮中往往起到锦上添花的作用。

[菜例]

一、泡椒凤爪

泡椒凤爪如图 4.9 所示。

烹调方法：泡。

菜品味型：咸鲜微辣。

食材原料：

主料：大鸡爪 200 克。

配料：泡野山椒 500 克，小米椒 100 克，姜 30 克，鲜花椒 10 克，八角 3 克，香叶 2 克，白芷 1 克，丁香 1 克。

调料：盐 10 克，味精 5 克，白醋 10 克。

工艺流程：

初加工→刀工处理→调汁→泡制→装盘。

泡椒凤爪

图 4.9　泡椒凤爪

制作过程：

1．初加工

将姜、小米椒、大鸡爪洗净。

2．切配

将大鸡爪切成三块，姜切片。

3．调汁

将泡野山椒、小米椒、姜、鲜花椒、八角、香叶、白芷、丁香、盐、味精、白醋加水烧开凉透备用。

4．烹调

（1）在锅内加水将切好的大鸡爪煮熟，快速过凉，入冰水中泡制备用。

（2）将鸡爪捞出放泡汁中，再入冰箱冷藏泡制 24 小时即可。

成品特点：

口味咸鲜酸辣，香脆适口。

操作关键：

（1）鸡爪用清水泡制发白，冲洗干净。

（2）调制泡汁时锅要刷干净，调清汤汁。

相关菜品：

用此菜的烹调方法还可以制作果珍冬瓜、泡椒脆肚等菜品。

思考与练习：

（1）用此菜的烹调技法还可以制作哪些菜肴？

（2）鸡爪烫完后为什么要快速放入冰水中？

（3）为什么要将鸡爪放入冰箱冷藏后再食用？

[趣味阅读]

川菜——泡椒味型的特点及运用

泡椒味型是川菜中一种常见的调味方式，其特点是菜肴色泽红亮、味道辣而不燥，微带酸味。这种调味风格在川菜中应用得十分广泛，适用于制作各种凉菜和热菜，如泡椒凤爪、泡椒牛蛙、泡椒鸡、泡椒墨鱼仔、泡椒猪蹄等。泡椒的独特风味来自其酸辣鲜爽的口感，以及泡辣椒本身鲜香微辣、略带回甜的特点。在烹调过程中，泡椒味型通常与野山椒、花椒、白糖等佐料结合使用，这样可以创造出丰富的层次。

二、花生猪皮冻

花生猪皮冻如图 4.10 所示。

烹调方法：冻。

菜品味型：咸鲜。

食材原料：

主料：猪皮 400 克。

配料：花生 260 克，葱 20 克，姜 25 克。

调料：盐 20 克，味精 5 克，生抽 50 克，老抽 5 克，大茴 3 克，桂皮 5 克，花椒 3 克，香叶 3 克，肉桂 3 克，小茴 2 克。

图 4.10 花生猪皮冻

工艺流程：

初加工→刀工处理→煮制→冷冻→装盘。

制作过程：

1．初加工

（1）将葱、姜、去叶、去皮并洗净，将猪皮洗净。

（2）将猪皮用开水烫一下后捞出，把多余的油脂剔除干净。

（3）先将花生米用清水泡发后再去皮。

（4）将大茴、桂皮、花椒、香叶、肉桂、小茴、大葱、姜包成料包备用。

2．切配

将猪皮切成宽约 2 厘米、长约 4 厘米的条，姜切片，葱切段。

3．烹调

在锅内加水，将花生米下入煮至 8 成熟时，加入料包。将猪皮中小火煮至熟透，加入盐、味精、生抽、老抽调味、调色，装入盆内，待冷却后即可改刀装盘。

成品特点：

口味咸鲜，香醇适口。

操作关键：

（1）烫制猪皮后，要将上面的油脂剔除干净，用清水再冲洗干净。

（2）煮制原料时应先煮花生米，待花生米 8 成熟时再加入料包和猪皮。

（3）调味、调色要在煮制后段调制。

相关菜品:

用此菜的烹调方法还可以制作猪头冻、水晶肴肉等菜品。

思考与练习:

(1)用此菜的烹调技法还可以制作哪些菜品?

(2)为什么要先煮花生米?

(3)为什么要在煮制后段给菜品调味、调色?

[趣味阅读]

皮冻的历史文化

皮冻是一种深受中国人喜爱的传统美食,以其独特的口感和营养价值而闻名。

起源与发展:相传,最早的皮冻选材是狗肉,直到宋代,鱼鳞和猪皮才被普遍用作皮冻的食材。在北魏时期,《齐民要术》中提到的"水晶"食法,可以视为皮冻的雏形。宋代时,猪肉变得廉价,皮冻因此流行起来,当时被称为"水晶脍",主要是鱼鳞制成的。

文化意义:皮冻不仅是一种美食,还具有一定的药用价值。例如,《本草纲目》和《伤寒杂病论》中记载:皮冻可以"和血脉,润肌肤"和治疗少阴下痢、咽痛。皮冻的制作过程体现了中国人在烹调方面的智慧和创造力,能够将原本可能被扔掉的猪皮变成营养丰富的美食。

皮冻不仅是一种美味的食物,还承载着中国的饮食文化和智慧。

三、酱牛肉

酱牛肉如图 4.11 所示。

烹调方法:酱。

菜品味型:咸鲜。

食材原料:

主料:鲜牛肉(牛腱瓜肉)1 000 克。

配料:大葱 20 克,姜 25 克。

调料:盐 20 克,味精 5 克,生抽 50 克,老抽 20 克,良姜 5 克,大茴 3 克,桂皮 5 克,花椒 3 克,香叶 3 克,肉桂 3 克,小茴 2 克。

酱牛肉

图 4.11　酱牛肉

工艺流程：

初加工→焯水→刀工处理→煮制→冷冻→装盘。

制作过程：

1．初加工

（1）将葱、姜、牛肉洗净（放清水内泡制约2小时）备用。

（2）将牛肉焯水捞出，清水洗净。

（3）将良姜、大茴、桂皮、花椒、香叶、肉桂、小茴、大葱、姜包成料包备用。

2．切配

将葱切段，姜切片。

3．烹调

在锅内加水，将牛肉、料包放入，中小火煮至熟透，加入盐、味精、生抽、老抽调味、调色，装入盆内，待冷却后即可改刀装盘。

成品特点：

口味咸鲜，香醇适口。

操作关键：

（1）牛肉要先用清水泡制，再焯水。

（2）煮制时要用中、小火。

（3）调味、调色要在煮制后再进行。

相关菜品：

用此菜的烹调方法还可以制作狗肉冻、烧鸡等菜品。

思考与练习：

（1）为什么制作此菜要选用鲜牛肉？

（2）为什么要用中小火煮制此菜？

[趣味阅读]

凉拌菜的"灵魂"——酱油是何时被发明的？

酱油（图4.12）是由大豆、小麦、米麸等为原料经发酵加盐水制作而成的。因其能提鲜、增色而深受人们喜爱。

在它被发明之前，人们用什么提鲜呢？用的是酱清或豉汁。酱清是秦汉时期出现的，它是由于酱经长时间储存，在表面浮出的一层气味芳香、色泽红亮的酱汁；豉汁也叫豉清，和酱清的形式。原理类似。魏晋南北朝时，人们使用豉汁做菜，蒸鸡、蒸羊、裹蒸生鱼等。

　　酱油的历史其实并不太长，到唐宋时期才被发明出来。至于是谁发明的，哪年发明的，已不可考。就现在所见，"酱油"这个名字应比实物出现得晚，第一次出现是在北宋。释赞宁《物类相感志》的蔬菜项下，有"作羹用酱油煮之妙"的记载，比他稍晚的苏东坡在《格物粗谈》中写了"金笺及扇面误字，以酽醋或酱油用新笔蘸洗，或灯心揩之，即去"。这是用酱油来涂改写错了的字。到南宋《山家清供》一书，就常能看到"酱油"在制作菜肴时的功用。在酱油被发明以后，因其提鲜效果绝佳，酱清、豉汁之类，便被取代了。酱油跻身开门七件事——"柴米油盐酱醋茶"，成为宋人"每日不可阙者"。

图 4.12　酱油

四、红酒醉梨

　　红酒醉梨如图 4.13 所示。

烹调方法：醉。

菜品味型：酒香爽脆。

食材原料：

主料：水晶梨 1 000 克。

配料：红酒 1 000 克。

调料：白糖 100 克。

工艺流程：

初加工→刀工处理→腌制→冷冻→装盘。

制作过程：

图 4.13　红酒醉梨

1．初加工

将水晶梨用清水清洗干净，去皮、去梗后放在事先准备好的清水中存放（因为水晶梨去皮后与空气长时间接触后容易变黑，所以去皮后应马上放入水中与空气隔离）。

2．切配

将梨取出后，把梨纵向平均分成两半，用挖球器取出梨核，再用 V 形雕刻刀沿着梨的表面纵向均匀地刻出花纹（手表面的汗水也可以影响梨的颜色，做以上工作时尽量戴一次性手套）。

红酒醉梨

3. 烹调

（1）准备塑料保鲜盒一个，内放红酒、白糖搅拌均匀，把刻好花纹的梨放入盒内浸泡在汁液中，用保鲜膜密封好，放入恒温冰箱24小时后再食用为宜。

（2）把泡好的梨取出两块（约150克），顶刀切成厚约2厘米的片，摆出梨块原本的形状，装盘上桌即可。

成品特点：

脆甜可口，酒香浓郁。

操作关键：

（1）浸泡梨时，一定要将保鲜盒密封。

（2）给梨打花刀时，要注意手法，用力要均匀。

相关菜品：

用此菜的烹调方法还可以制作橙汁冬瓜、果珍山药等菜品。

思考与练习：

（1）为什么要将梨去皮、去核后放在清水里浸泡？

（2）为什么要将保鲜盒内的梨密封好？

［趣味阅读］

醉鸡的传说

在浙江，每逢春节，几乎家家户户的桌上都有醉鸡（图4.14）。这种鸡肉酒香扑鼻，鲜嫩可口，食后回味无穷，是人们饮酒佐餐的佳品。那么，是谁最先制作了醉鸡呢？

传说很久以前，在浙江一个偏远的小村庄里，住着兄弟三人，父母双亡。三兄弟互敬互爱，过着和睦的日子。后来，三兄弟陆续结婚了。老大和老二娶的是富人家的姑娘，她们的嫁

图4.14　醉鸡

妆不少，但人较懒惰。老三娶了一个穷人家的姑娘，虽无嫁妆，可是心灵手巧，十分能干。尽管大媳妇、二媳妇倚仗着娘家的钱势看不起她，但她总是默默地操持着家务，把事情安排得井井有条。大哥、二哥看在眼里，有心想叫她当家主事，但又担心自己的媳妇有意见。后来，三位兄弟想出一个办法，三位妯娌比赛，谁胜了就让谁当家。题目是每人做一只鸡，但不准用油，不准用其他菜来配。

　　三天后，三位兄弟围桌坐下，叫三妯娌上鸡。只见大媳妇兴冲冲地端上了一锅清炖鸡，黄色的油珠浮在汤上，食之汤鲜而肉柴。三位兄弟吃后没有吭声。二媳妇端上一盘白切鸡，食之爽口，嚼之有味，但略显清淡。大家尝后也没说什么。轮到三媳妇，只见她不慌不忙地端上一个大盖碗，一揭开碗盖，一股诱人的清香弥漫在房间里，使人食欲大振。三位兄弟急忙动筷，只觉得鸡肉又鲜又嫩，吃到嘴里满口生香。两位嫂子也忍不住一人夹了一块鸡肉放在嘴里，果然酒香扑鼻，别有一番风味。大家都称赞三媳妇的鸡做得好。两位嫂嫂也心悦诚服。从此，三媳妇就名正言顺地当家了。

模块检测

一、填空题

1. 凉菜是筵席上首先与食客见面的菜品，故有"_____"或"_____"之称。

2. 凉拌，又称_____，是相对"热菜"而言温度较低的一类菜肴，是指将_____按一定的规格要求和形式拼摆在器皿内，以达到美观目的的过程。

3. _____是将经过熟处理后的原料晾凉后，进行刀工处理，上菜前将事先调好的味汁淋入装盘的原料上。

4. 拌制类凉菜具有_____、_____、_____、_____，成品鲜嫩香脆、清爽利口的特点。

5. 凉菜的烹调技法除了拌技法之外还有很多烹调方法，主要有_____、_____、酱的技法、_____。

6. 冻制凉菜具有_____、_____、_____、_____的特点。

二、选择题

1. 给凉拌海蜇焯水时，水温要达到（　　　）。

A. 70 ℃　　　　　　B. 80 ℃　　　　　　C. 90 ℃　　　　　　D. 100 ℃

2. 制作肉丝五彩拉皮采用的烹调方法是（　　　）。

A. 炒　　　　　　　B. 炸　　　　　　　C. 烤　　　　　　　D. 拌

3. 制作麻辣鸡丝采用的烹调方法是（　　　）。

A. 炒　　　　　　　B. 炸　　　　　　　C. 烤　　　　　　　D. 拌

4．制作酱牛肉采用的烹调技法是（　　　）。

A．炒　　　　　　　　B．炖　　　　　　　C．酱　　　　　　　D．拌

5．制作花生猪皮冻采用的烹调技法是（　　　）。

A．炒　　　　　　　　B．冻　　　　　　　C．酱　　　　　　　D．拌

三、简答题

1．请简要说明凉菜的特点是什么？

2．简述拌味汁、淋味汁、蘸味汁三种拌菜方法的特点。

3．简述肉丝五彩拉皮的制作步骤。

4．简述泡椒凤爪的制作步骤。

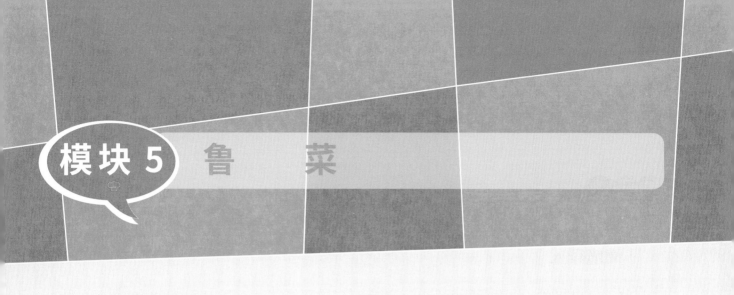

模块 5　鲁　菜

学习目标

素养目标

鲁菜作为中国传统菜系之一，具有悠久的历史和独特的魅力。然而，随着人们生活方式的变迁和餐饮行业的发展，传统的鲁菜技艺面临失传的危险。学习鲁菜的制作方法有利于传承和保护这一珍贵的文化遗产，以使更多的人了解、欣赏鲁菜。

鲁菜模块导入

知识目标

对鲁菜的起源、发展有初步认识。

技能目标

1. 理解鲁菜用料、调味、烹调方法的基本特征。

2. 掌握鲁菜代表性菜肴的制作方法及操作步骤。

模块导入

鲁菜源自齐鲁古国的饮食风味传承，源远流长，底蕴深厚。鲁菜起源于春秋战国时期，隋唐时期渐渐成为北方菜的代表，清代时入皇宫，到达鼎盛时期。鲁菜是中国著名的八大菜系之一，在饮食文化发展史上声名显赫，被学者们称为"中国菜之典型"。

鲁菜具有如下特点。

1. 原料选择：选用畜禽、海产、蔬菜等作为主要食材。

2. 烹调手法：擅长使用爆、熘、扒、烤、塌、拔丝、蜜汁等多种烹调方法。

3. 调味特点：偏重于使用酱油、葱、蒜等调料，强调咸鲜、纯正的本味。

4. 口味：咸鲜，避免使用过量的调料掩盖食材本身的风味。

5. 地域文化：受到儒家学派的影响，风格精细中庸。

6. 代表名菜：九转大肠、爆炒腰花、糖醋鲤鱼、葱烧海参、油爆大蛤、烩乌鱼蛋汤等。

总之，鲁菜有着悠久的历史文化。我们在制作鲁菜美食的同时，也可以感受到其文化的博大精深。

单元① 鲁菜基本概况

[情境导入]

鲁菜历史悠久，是全国影响最大、流传最广的菜系之一，其中各具特色的菜名，既体现了劳动人民的智慧和超群的烹饪技艺，也反映出齐鲁饮食文化的深厚底蕴。大部分的鲁菜名称十分朴实，用词特点是简明易记。如"香椿豆腐""糖醋鲤鱼"等；也有一些词汇来自味道、色泽、质感及烹调方式等，如"麻辣鸡""雪花香椿"等；更有一些采用双关的修辞，为鲁菜菜名带来了不少"谐音梗"。比如，"霸王别姬"这道菜的主料是鳖和鸡，"鳖"与"别"谐音。民间俗称"鳖"为王八，因其习性凶猛、霸道，亦有"霸王"的美誉，而这又与项羽"西楚霸王"的名头搭上了线，"姬"则是"鸡"的谐音。这道菜实际就是"霸王鳖鸡"，它充分地运用了语义双关、谐音双关的特点，把原料并无特色的一道菜，通过名称变得活泼、生动。与此类似，"连年有余"则是利用"鱼"和"余"同音来表达期望来年能有盈余的美好愿景。

[相关知识]

一、鲁菜的文化内涵

鲁菜作为中国八大菜系之一，以其独特的烹饪技巧和深厚的文化内涵而闻名于世。它起源于中国山东省，鲁菜可以追溯到春秋战国时期。在漫长的历史发展过程中，鲁菜融合了孔子思想的精髓，以及山东地域独特的气候、资源和人文背景。因此，探寻鲁菜背后的文化内涵将带我们走进一个富有哲学思想和历史文化底蕴的世界。

1. 传统美食与孔子思想

鲁菜的烹调技巧和口味都秉承着"入口鲜美、回味无穷"的原则。同时，正如孔子所强调的"中和为贵"，鲁菜在烹调过程中追求食材的完美融合与味道的平衡。这与孔子所倡导的"中庸之道"不谋而合。

孔子所倡导的中庸思想是中国古代儒家思想的核心，它强调的是"和"而非"极端"。这种思想在鲁菜的烹饪中体现得淋漓尽致。鲁菜的菜肴口味多样，既有酸、甜、苦、辣、咸五味俱全的菜品，也有以鲜嫩为主的清淡菜品。这种味道的平衡与孔子提倡的"中庸之道"相一致。此外，鲁菜还注重食材的新鲜和可持续性。

2. 山东地理特点与鲁菜的烹饪技巧

鲁菜的发展离不开山东地理特点的影响。作为中国华北地区的东南沿海省份，呈现出沿海气候特点的山东拥有丰富的水产资源。这为鲁菜的烹饪提供了得天独厚的优势。

鲁菜注重烹调过程中的火候和刀工，在操作上非常讲究。这种细致入微的烹调技巧在一定程度上受到山东地区地理环境的影响，因为山东地区常年盛行强风，烹调时需要注意火力的控制和食材的处理方式。这种讲究火候的烹饪方式，使得鲁菜的菜肴口感独特，食材的鲜嫩和味道的浓郁得以充分体现。

刀工是鲁菜烹调技巧中另一个重要的方面。山东地区出产的食材质地坚实，容易处理。鲁菜的刀工追求剁切匀齐、坚实有力，烹饪时注重刀法的调整和技术的变化，使得菜品在外形和口感上都更加具有美感和食欲。

3. 历史文化底蕴与鲁菜独特的菜名和谚语

鲁菜作为中国烹饪文化的瑰宝，其菜名和谚语也体现了山东的历史文化底蕴。鲁菜的菜名富有诗意和寓意，往往与历史人物、故事和传说相关。

例如，四喜丸子是为鲁菜的代表菜之一。淮扬菜里面也有一道类似的菜，叫"红烧狮子头"。不过"四喜丸子"讨了名称的好，因象征着中国人最为重视的"久旱逢甘霖，他乡遇故知，洞房花烛夜，金榜题名时"四件喜事，而成了鲁菜中的一大名菜。山东人的性格里既有孔孟儒家的仁礼，又有水泊梁山的仗义。人们在品尝正宗的鲁菜时，也能品出这两种文化的底蕴！

二、鲁菜的起源和发展

鲁菜的起源可追溯至春秋战国时期。据史料记载，周朝建立后，姜子牙封齐地，周公之子伯禽则以宗亲封鲁。在"因其俗、简其礼"富国强兵的政策下，齐国迅速强大起来，到齐桓公时成为春秋首霸。齐国经济的繁荣、城邑的增扩，带来餐饮业的兴盛，并诞生了被誉为"庖厨祖师"的易牙，虽然易牙烹其子给齐桓公，被管仲嘱咐齐桓公将其赶出齐国，但不久，齐桓公就因为食之无味又把易牙召了回来，可见易牙确实是烹饪技术顶级的人物，他是历史上第一个运用调和之事操作烹饪的庖厨。

鲁菜起源于山东的齐鲁风味，其发源地为山东省淄博市博山区，是中国传统四大菜系（也是八大菜系）中唯一的自发型菜系（相对于淮扬、川、粤等影响型菜系而言），是历史最悠久、烹饪技法丰富、难度最大，也是最见厨师功底的菜系，有"食不厌精，脍不厌细"的特点。

鲁菜的发展可以分为两个重要时期：古代和近现代。

古代时期，鲁菜受到周、鲁的影响。周朝饮食文化的繁荣为鲁菜的形成提供了契机。周朝时期，山东地区盛产五谷杂粮，鲁菜以粮食为主要原料，注重调味，口感鲜美。而鲁国作为强盛一时的诸侯国，崇尚礼仪，丰富了当地的饮食文化。此外，鲁菜还受到了郑国菜的影响，郑国菜以炖煮烹饪方法为主，使得鲁菜也具有了炖煮的特色。鲁菜以高温快炒、炖煮为主，注重火候掌握，使得菜肴的口感更加鲜嫩可口。

鲁菜在清代得到了进一步的发展。康熙、乾隆两位皇帝都十分喜爱鲁菜，将之列为四大菜系之一。山东是贸易交流的核心地区，来自不同地方的饮食文化逐渐融入山东人的饮食习惯中，丰富了鲁菜的口味和烹饪技巧。此外，在鲁菜的发展过程中，山东各地的特色菜肴互相影响，形成了丰富多样的菜肴品种，如济南的"三大红烧"、青岛的"四大海鲜"等。

[趣味阅读]

鲁菜泰斗简介

（1）崔义清：1922年生，国家高级烹饪技师、中国鲁菜特级大师，曾在济南的三大鲁菜名店"聚丰德""汇泉楼""燕喜堂"任主厨。在多年的实践中，他继承并发扬了鲁菜的正宗技法，并逐步形成了自己独特的厨艺风格；擅长烹调、站灶，掌勺功底深厚、注重火候、精于调味和吊汤。

（2）王义均：1933年生，山东福山人，国宝级烹饪大师，鲁菜泰斗，被商务部授予中华名厨（荣誉奖）称号，北京丰泽园名厨，中国烹饪大师，有"海参王"美誉，国家高级烹饪技师，国家餐饮业高级评委，国家中式烹调职业技能鉴定专家，中国名厨专业委员会委员兼顾问，中国烹饪协会理事。

（3）张文海：汉族，1930年生，北京人，国宝级烹饪大师，鲁菜泰斗，国家高级烹饪技师，中国烹饪大师，京华名厨联谊会会员，首届中国烹饪协会理事长，北京市青工九工种技术比赛和全国青年技术大赛优秀教练员。

（4）颜景祥：1939年生，山东济南人，山东鲁菜烹饪界泰斗，"中华名厨"称号的获得者。2005年，颜老参加了在武汉举行的第十五届中国厨师节，展示鲁菜"葱烧海参"，现场拍卖达6 400元，这是在大师云集的厨师节中拍出的价格最高的菜品。

单元 2　鲁菜基本特征

[情境导入]

鲁菜讲究原料质地优良，以盐提鲜，以汤壮鲜，调味讲求咸鲜纯正，突出本味。大葱为山东特产，多数菜肴要用葱姜蒜来增香提味，炒、熘、爆、扒、烧等方法都要用葱，尤其是葱烧类的菜肴，更是以拥有浓郁的葱香为佳，如葱烧海参、葱烧蹄筋；煨馅、爆锅、凉拌都少不了葱姜蒜。海鲜类食材量多质优，腥味较轻，鲜活者讲究原汁原味，虾、蟹、贝、蛤，多用姜醋佐食；燕窝、鱼翅、海参、干鲍、鱼皮、鱼骨等高档原料，质优味寡，必用高汤提鲜。

[相关知识]

一、用料

鲁菜注重使用当地的优质食材，如山东的海鲜、猪肉、牛肉、鸡肉等。同时，鲁菜也善于利用海鲜、蔬菜等多种食材的组合，使菜品更加丰富。

山东地处我国东部，位于黄河下游，海产资源丰富，盛产鲍鱼、海蟹、对虾、海参、干贝、鱼翅、加吉鱼、海红等海产品，是我国水产品出口的重要基地之一。山东是我国产粮大省，粮食产量居全国前列。山东曾与乌克兰、美国加州并称为"世界三大菜园"，其蔬菜产量之丰、品类之多、质地之佳为人们所共识，尤以胶州大白菜、济南莲藕、大明湖蒲菜、章丘大葱、苍山大蒜、莱芜生姜、潍县萝卜、平度芹菜等最负盛名，有的已进入国际市场。青山羊、莱芜猪、鱼台鸭、寿光鸡都是各具特色的名优产品。山东的水果也很丰富，德州西瓜、肥城蜜桃、烟台苹果、益都山楂、乐陵小枣、莱阳梨和大泽山葡萄等不仅在国内享有盛誉，有的还出口外销。众多优质而有特色的烹调原料，为烹调菜品提供了丰富的物质资源。

二、调味

鲁菜追求菜品的原汁原味，注重鲜、咸、酸、辣、甜等口味。鲁菜中的调味品主要有盐、酱油、醋、糖，以及葱、姜、蒜等，它们可以使菜品口感鲜美而不失清淡。

（1）咸味，有鲜咸、香咸、甜咸、咸麻及小酱香之咸、大酱香之咸、酱汁之咸、酱五香之咸的区别；擅长使用甜面酱、豆瓣酱、虾酱、鱼酱、酱油、豆豉、豉汁、腐乳等，不但调咸味，也增加鲜、香味。

（2）鲜味多用鲜汤调制。制汤、用汤是鱼菜的一大特色。善于用制好的清汤、奶汤加入山珍海味、鲜蔬菜货中，淡者提鲜，腥者增鲜，丰富充实菜品鲜味。山东的清汤、奶汤全国有名，早在北魏时，《齐民要术》中记载了山东等地用汤熬调味品入烹以增加鲜味，如名肴清汤鲍鱼、奶汤鱼肚、奶汤蒲菜等。奶汤浓白似乳，滋味醇厚；清汤则清澈似水，鲜香四溢。

（3）酸味，重酸香，醋不单用，或加糖或加香料，令其柔和鲜香。

（4）甜味，将糖熬过后再使用，使其甜味纯正。

（5）辣味，重葱、蒜的应用。喜食葱、蒜是山东人普遍的饮食习惯，也是鲁菜的又一大特色。蒜黄、蒜苗、蒜薹、蒜瓣，无一不可用来烹制菜肴。蒜瓣可制成蒜汁、蒜片、蒜泥、蒜末等用来调味。大葱在鲁菜中的应用更为广泛，无论是爆、炒、烹、炸，还是烧、熘、焖、炖，几乎无一不用葱来调味。鲁菜中的葱烧海参和葱爆羊肉等传统名菜就是因为用大葱做配料而独具特色。多种调味品和调味手段的使用让山东风味菜肴具有清、香、鲜、醇、浓的显著特色。

三、烹调方法

鲁菜以烹调技法独特而著称，通过精细刀工切配，应用各种熟制方法，与调味相配合，形成了鲁菜的各种烹调方法。炒菜技法是鲁菜的特色，注重掌握火候和把握炒制时间可以使菜品色香味俱佳。常用的烹调方法有爆、炒、烧、扒、塌、汆、熘、炸、熬、蒸、烤、熏、腊、拔丝、挂霜、蜜汁等。尤其爆、塌、扒等技法堪称烹技一绝，已成为经典烹调方法，被广泛运用。

爆的技法，选料严格，讲究刀工剞法，要求旺火热油速成，成菜时间短，速度快，突出技艺的娴熟程度。爆的方法有油爆、汤爆、火爆、酱爆、葱爆、芫爆等多种。爆制的菜肴，主要突出口感的特色，使菜肴香、鲜、脆、嫩，清淡爽口，而且由于加热时间短，可最大限度保存原料的营养成分，如油爆双脆、油爆海螺、爆鸡胗、芫爆里脊。

塌是鲁菜独创的一种烹调方法，源于山东民间，后加以发展。它是将鲜软脆嫩的原料加工成一定形状，调味后，或夹以馅心或粘粉挂糊，放入油锅中两面煎上色，控出油再加汁和调料、香料，以微火煨收汤汁，使原料酥烂柔软、色泽金黄、味道醇厚、形状整齐，如锅塌豆腐、锅塌鱼盒、锅塌肉片。

扒是鲁菜典型技法之一，有红扒、白扒、整扒、散扒、奶油扒等。扒菜的最大特点是突出形状完美，同时讲究刀工、火候、调味的运用，突出三大基本功。扒菜装盘时，要运用烹饪中的勺功技巧，使菜肴完好无损地装入盘中，突出菜肴的成形。扒的技法经常用于一些名贵菜肴的制作，如扒通天鱼翅、扒海参、扒芦笋鲍鱼、扒三白，而且绝大部分扒菜是筵席的头菜。

[趣味阅读]

养生药膳

中医的养生药膳，是将中药材与部分具有滋补功效的食材，一起加工烹饪而做成的菜肴，根据食材和药材的不同，其分别具有不同的养生功效。一般而言，好的药膳既要味道鲜美，又需要有较好的养生保健功效，如虫草老鸭汤、人参炖鸡汤、当归生姜羊肉汤等。

（1）虫草老鸭汤：其主要药材为冬虫夏草，主要食材为老鸭，二者一起炖煮，通常具有较好的滋补肾气、滋阴补虚、益肺止咳的功效，适合久病后体虚、头晕盗汗的人群食用。

（2）人参炖鸡汤：其主要药材为大补元气的人参，食材为老母鸡，其滋补的作用较好。人参培补元气的功效，配合鸡汤丰富的营养，肾阳亏虚、元气不足的体虚人群，可以适量食用。但要注意的是，此药膳温补之力极强，阴虚体质、容易上火的人群，或者存在实热证的患者，应尽量避免食用。

（3）当归生姜羊肉汤：当归具有一定活血补血的功效，配合温热的生姜和羊肉，通常具有较好的温经活血的功效，对于下焦的寒凝血瘀证效果较好，适合手脚冰凉、疲劳乏力的人群食用。

（4）其他药膳：如百合冬瓜汤、桂圆黑米粥、川贝雪梨汤等，其中百合冬瓜汤，百合具有一定润肺安神的功效，冬瓜具有一定利水化痰、清热解毒的功效，将二者搭配食用，具有一定的利尿、安神功效。

单元3 鲁菜代表性菜肴及其制作

[情境导入]

在传统上，鲁菜分为济南菜、胶东菜、孔府菜三大系列。

济南菜以汤菜为一大特色，擅甜口菜肴，有九转大肠、爆双脆（羊肚与鸡胗）、爆炒腰花、拔丝地瓜、奶汤蒲菜、三不沾、糖醋鲤鱼等代表菜品。济南风味是鲁菜的主体，又分为"历下派""淄潍派"和"泰素派"等。

胶东菜以烹制海鲜见长，如葱烧海参、油焖大虾、糟熘鱼片等宴席菜品通常被认为发源于此。胶东菜起源自烟台福山，2001 年，中国烹饪协会授予其"山东烟台福山——鲁菜之乡"的名冠。

孔府菜摆盘豪华，造型美、寓意雅，是鲁菜里的"大佬"，以其用料考究、制作精细、烹饪费时成为官府菜的代表，如一品锅、诗礼银杏、带子上朝等。

[菜例]

爆炒腰花

一、爆炒腰花

爆炒腰花如图 5.1 所示。

烹调方法： 爆炒。

菜品味型： 咸鲜香嫩，有醋香。

食材原料：

主料：猪腰 350 克。

配料：葱、姜、蒜各 3 克，鲜红椒 10 克，笋尖 20 克，木耳 10 克，鲜蒜苗 10 克。

图 5.1　爆炒腰花

调料：色拉油 800 克（约耗 30 克），酱油 10 克，白糖 5 克，盐 3 克，味精 2 克，白醋 10 克，陈醋 10 克，淀粉 5 克，料酒 5 克，胡椒粉 2 克，花椒油 3 克，香油 5 克。

工艺流程：

初加工→刀工处理→兑汁→上浆→烹调→成菜装盘。

制作过程：

1．初加工

将葱、姜、蒜去皮洗净，鲜红椒去蒂洗净，蒜苗去叶、去根洗净，木耳泡发洗净。

2．切配

（1）将猪腰中间片开去腰臊，剞麦穗花刀，再切成宽约 3 厘米的块。

（2）将蒜苗切段，鲜红椒切片，笋尖切片，木耳撕片，葱、姜、蒜切末。

3．兑汁

碗内放入酱油、盐、味精、白糖、白醋、陈醋、料酒、胡椒粉、香油、淀粉搅匀调成味汁。

4．上浆

将腰花放入碗内，加入盐、味精、料酒、淀粉抓匀上浆。

5．烹调

（1）在锅内加入色拉油烧至 8 成热，加入腰花快速划散倒出控油。

（2）在锅内加入色拉油烧热，加入葱、姜、蒜爆香，加入鲜红椒片、笋片、木耳、蒜苗段略炒，再倒入腰花、淋入味汁迅速翻炒均匀，淋入花椒油出锅即可。

成品特点：

色泽红郁，脆嫩适口，味道醇厚，有醋香。

操作关键：

（1）注意猪腰的刀工处理。

（2）掌握滑猪腰时的油温。

（3）烹调的速度要快。

相关菜品：

用此菜的烹调方法还可以制作油爆乌鱼花、爆炒肝尖、爆炒鸡丁等菜品。

思考与练习：

（1）简述猪腰的刀工处理步骤。

（2）烹调此菜的速度为什么要快？

[趣味阅读]

如何挑选猪腰

挑选猪腰首先看表面有无出血点，若有，则属不正常。其次，看形体是否比一般猪腰大和厚，如果是又大又厚，应仔细检查是否有肾红肿。检查方法是：用刀切开猪腰，看皮和髓质（白色筋丝和红色组织之间）是否模糊不清，模糊不清的就不正常。

猪腰富含蛋白质、脂肪，另含碳水化合物、维生素 B_2、维生素 A、硫胺素、抗坏血酸、钙、磷、铁等成分，具有补肾壮阳、固精益气的作用。另外，猪腰还具有补肾气、通膀胱、消积滞、止消渴之功效。其可用于治疗肾虚腰痛、水肿、耳聋等疾病。但血脂偏高者、高胆固醇者忌食。

二、九转大肠

九转大肠如图 5.2 所示。

烹调方法：燣。

九转大肠

菜品味型：甜、酸、香、辣、咸复合味。

食材原料：

主料：熟猪大肠头 600 克。

配料：香菜 3 克。

调料：盐 20 克，味精 5 克，冰糖 15 克，生抽 3 克，胡椒粉 2 克，醋 5 克，花椒油 2 克，花椒酒 5 克，肉桂 2 克，砂仁 2 克，清汤 300 克，色拉油 1 500 克（实耗约 30 克）。

图 5.2　九转大肠

工艺流程：

初加工→刀工处理→炸制→烧制入味→装盘。

制作过程：

1．初加工

（1）将香菜择洗干净。

（2）将肉桂、砂仁磨成粉与胡椒粉混合备用。

2．切配

（1）将熟猪大肠头的小头穿过大头，用牙签穿一下，再切成约 3 厘米的段。

（2）将香菜切粒。

3．烹调

（1）在锅内加油烧至 7 成热，把大肠入油锅炸制捞出。

（2）另起锅加入冰糖炒出糖色，加入大肠、生抽、清汤、盐、味精、花椒酒、醋小火煨制；待汤汁收至浓稠时，撒入混合料粉（肉桂、砂仁、胡椒粉），淋入花椒油，点缀装盘，撒入香菜粒即可。

成品特点：

色泽红润，质地软嫩，酸、甜、香、咸、辣五味俱全。

操作关键：

（1）大肠要用慢火煨制，使之入味均匀，汤汁浓稠。

（2）料粉要在出锅前放入，香菜粒要在装盘后撒入。

相关菜品：

用此菜的烹调方法还可以制作煨大虾、蜜汁排骨等菜品。

思考与练习：

（1）给猪大肠制作套肠时为什么要用牙签？

（2）为什么料粉要在出锅前加入？

（3）九转大肠成品有什么主要特点？

[趣味阅读]

九转大肠名称中"九转"的由来

九转大肠名称中的这个"九"字很有寓意。在中国文化中，"九"是最大的数字，表示至高无上，并且因"九"与"久"谐音，字义吉祥，老百姓亦以"九"为吉利数字。

九转大肠是光绪年间济南城中一个名叫九华楼的酒店首创的。该酒店的掌柜姓杜。在济南设有九家店铺，酒店是其中之一。这位掌柜对"九"字有着特殊的爱好，什么都要取"九"数，因此他所开的店铺字号都冠以"九"字。

九华楼雇用了一批名厨高手，极善餐饮经营，尤其对猪下水的烹制颇有研究，其中以红烧大肠最受欢迎。为迎合杜老板对"九"字的喜爱，便更名为"九转大肠"。

三、糖醋黄河鲤鱼

糖醋黄河鲤鱼如图 5.3 所示。

烹调方法： 熘。

菜品味型： 酸甜。

食材原料：

主料：黄河鲤鱼 800 克。

配料：葱、姜、蒜各 3 克。

图 5.3 糖醋黄河鲤鱼

调料：酱油 10 克，精盐 3 克，料酒 20 克，白糖 200 克，米醋 120 克，清汤 280 克，湿淀粉 150 克，色拉油 2 000 克（实耗约 100 克）。

工艺流程：

初加工→刀工处理→兑汁→炸制→烹调→成菜装盘。

制作过程：

1．初加工

（1）将葱、姜、蒜去皮，洗净。

（2）将鲤鱼去鳞、去鳃、去内脏，冲洗干净。

2．切配

（1）在鱼身的两面每隔约 2.5 厘米先直剖，再斜剖成翻刀，直刀切至鱼骨时向前推切，用刀在根部划一个口子，使鱼肉可能翻起。

（2）将葱、姜、蒜切末。

3．兑汁

碗内放入清汤、酱油、料酒、米醋、白糖、精盐、湿淀粉搅匀调成味汁。

4．烹调

（1）提起鱼尾使刀口张开，将料酒、精盐撒入刀口处稍腌，在鱼的周身刀口处，均匀地抹上一层湿淀粉。

（2）在锅内加入色拉油烧至 7 成热，手提鱼尾放入油锅内使其刀口炸至张开，用铲刀将鱼托住，以免粘锅，用铲刀把鱼推向锅边，使鱼身呈弓形，将鱼背朝下炸至鱼肚子张开，再翻过来使鱼腹朝下继续炸一下，改小火炸至定型，再大火炸至鱼身全部呈金黄色时，取出放入盘内。

（3）在锅内加油，烧热后放入葱、姜、蒜末，炸出香味后倒入兑好的芡汁，用旺火炒至沸起，再用热油冲入汁内快速炒匀，迅速浇到鱼身上即成。

成品特点：

酸甜适口，外焦里嫩，色泽红郁。

操作关键：

（1）鱼身两面刀口要切对称，每片的深度、大小要基本相同。

（2）先旺火热油炸定型，然后用小火炸制，再用大火复炸，使其外焦里嫩。

（3）炒制糖醋汁要在芡汁炒好后冲入沸油，使芡汁红亮有光泽。

（4）糖醋汁要掌握好比例。

相关菜品：

用此菜的烹调方法还可以制作糖醋里脊、糖醋鱼柳等菜品。

思考与练习：

（1）鲤鱼改刀要注意什么关键点？

（2）炸制鲤鱼时为什么要使用不同的油温？

（3）炒制糖醋汁时速度为什么要快？

[趣味阅读]

糖醋黄河鲤鱼的由来

糖醋黄河鲤鱼是山东济南的传统名菜。济南北临黄河，故烹饪此菜所使用的鲤鱼就是黄河鲤鱼（图5.4）。此鱼生长在黄河中的深水处，头尾金黄，全身鳞亮，肉质肥嫩，是宴会上的佳品。《济南府志》上早有"黄河之鲤，南阳之蟹，且入食谱"的记载。据说，糖醋黄河鲤鱼最早始于黄河重镇——洛口镇。这里的厨师喜用活鲤鱼制作此菜，并在附近地方有些名气，后来传到济南。在制作此菜时，厨师先将鱼身割上刀纹，外裹芡糊，下油炸后，头尾翘起，再用著名的洛口老醋加糖制成糖醋汁，浇在鱼身上。此菜香味扑鼻，外脆里嫩，酸甜适口，不久便成为名菜馆中的一道佳肴。

糖醋黄河鲤鱼以济南汇泉楼所制的最为著名。色泽深红，外脆里嫩，香味扑鼻，酸甜可口。成菜标准："两翘"，首、尾翘起，首略高；"三热"，油热，鱼热，汁热；"三适度"，糖醋汁的味道要酸甜适度，汁的稀稠度要适度，糊的厚薄要适度；"四张开"，嘴张开，鳃张开，肚皮张开，身体刀口张开。

图 5.4　黄河鲤鱼

四、葱烧海参

葱烧海参如图 5.5 所示。

烹调方法：烧。

菜品味型：咸鲜香糯有回甜，葱香浓郁。

食材原料：

主料：发制辽参。

配料：章丘大葱 200 克，姜 15 克，蒜 5 克，香菜 10 克。

调料：熟猪油 25 克，葱油 25 克，白糖 10 克，糖色 10 克，湿淀粉 40 克，料酒 25 克，味精 5 克，生抽 25 克，清汤 200 克。

工艺流程：

初加工→刀工处理→烧制→成菜装盘。

图 5.5　葱烧海参

制作过程：

1．初加工

（1）将葱、姜、蒜去皮，香菜去根洗净。

（2）将发制辽参去除内脏冲洗干净。

（3）制作葱油：将熟猪油（约 600 克）放入炒锅内，当油烧到 8 成热时下入葱段、姜片、蒜片，炸成金黄色，再下入香菜段，炸焦后捞出，余油即为葱油。

2．切配

将章丘大葱切段，姜切片，蒜切片，香菜切段。

3．烹调

（1）将海参用清汤煮软并使其入味后捞出备用，将大葱段炸至金黄色捞出备用。

（2）在锅内加入熟猪油烧热，加入清汤、料酒、酱油、白糖、糖色、味精，加入炸好的葱段、海参烧开，改小火煨制入味用湿淀粉勾芡，淋上葱油盛入盘中，将葱段摆入海参边作为点缀即可。

成品特点：

海参清鲜，软嫩香滑，葱香味醇，营养丰富。

操作关键：

（1）给海参去除内脏，洗净泥沙。

（2）烧制海参时要注意火候的变化。

（3）要把握好收汁的时间。

相关菜品：

用此菜的烹调方法还可以制作鲍汁扣鹅掌、蟹黄烧鱼肚等菜品。

思考与练习：

（1）葱油是如何爆制的？

（2）用此技法还可以制作哪些菜肴？

（3）为什么煨制时要用小火？

[趣味阅读]

葱烧海参的渊源

人们吃海参最早可追溯至三国时期。吴中沈莹在《临海水土异物志》中提到海参"土肉正黑，如小儿臂大，长五寸，中有腹，无口目。"汉晋时期，贾铭的《饮食须知录》卷六就明列出海参条目。而从明朝起，海参更是成为宫廷佳肴。《明宫史·饮食好尚》中提到朱元璋喜用海参、鳆鱼、鲨鱼筋（鱼翅）。由此可见，当时海参亦在宫廷酒宴中扮演着压轴角色。要做好这道菜并不简单，海参"天性浓重"，所幸神农尝百草，发现大葱可以去除异味，还达到"以浓攻浓"的效果。

有人称这是长寿之神与香浓葱段的完美结合。将这道菜完美结合的，必须提一提福山菜。

清末，京城有名的八大楼，大多为山东省烟台市福山人所开，几乎所有的首席厨师都是福山人，他们的看家菜必有一道葱烧海参。而"东兴楼"更是凭借这道菜生意兴隆，跃居京城八大楼之首。

1930年，福山县浒口村人栾学堂在京城开办"丰泽园"，将擅长做济南菜的历下帮与擅长做胶东菜的福山帮厨师招至麾下，将鲁菜两大风味兼收并蓄、取其精华，专做中高档鲁菜，因此名噪京城。而葱烧海参这道菜的名声也随之越来越大。

五、油爆双脆

油爆双脆如图 5.6 所示。

烹调方法： 爆。

菜品味型： 咸鲜脆嫩。

食材原料：

主料：猪肚头 200 克，鸡胗 260 克。

配料：大葱 5 克，姜 5 克，蒜 5 克，木耳
5 克，笋尖 5 克。

图 5.6　油爆双脆

调料：色拉油 1 000 克（实耗约 30 克），绍酒 5 克，精盐 3 克，味精 1 克，胡椒粉
2 克，米醋 3 克，生抽 5 克，食用碱 20 克，香油 2 克，湿淀粉 25 克，清汤 50 克。

工艺流程：

初加工→刀工处理→兑汁→烧制→成菜装盘。

制作过程：

1．初加工

（1）将葱、姜、蒜去皮洗净备用。

（2）将猪肚头去除筋膜、鸡胗去除外皮洗净备用。

2．切配

（1）将葱、姜、蒜切末，木耳撕成片，笋尖切片。

（2）将猪肚头、鸡胗剞切成菊花刀型；将食用碱放入清水化开，放入猪肚头、鸡
胗，浸泡约 30 分钟（发脆、去腥），用清水捞洗 3 ～ 5 遍，以去除碱味。

3．兑汁

将精盐、味精、胡椒粉、米醋、生抽、香油、清汤、绍酒、湿淀粉兑汁备用。

4．烹调

（1）在锅内加色拉油烧至 7 成热，加入滤干水分的猪肚头、鸡胗快速拉油，倒出控油。

（2）在锅内留油，下葱、姜、蒜并爆出香味后，下入木耳、笋片略炒，再下入猪肚
头、鸡胗，随即烹入兑好的芡汁，快速翻炒均匀，出锅装盘即可。

成品特点：

口味咸鲜脆嫩。

操作关键：

（1）要去除猪肚头筋膜和鸡胗外皮。

（2）打花刀时的刀距、深浅要一致。

（3）掌握芡汁比例，食用后盘内不见汤汁为佳。

相关菜品：

用此菜的烹调方法还可以制作油爆腰花、油爆鱿鱼花等菜品。

思考与练习：

（1）为什么要提前兑汁？

（2）油爆技法的特点是什么？

（3）保持脆嫩要注意哪些问题？

[趣味阅读]

油爆双脆

油爆双脆是山东历史悠久的传统名菜，相传始于清代中期。为了满足当地达官贵人的需要，山东济南地区的厨师以猪肚尖和鸡胗为原料，经刀工精心操作，沸油爆炒，使原来必须久煮的肚头和鸡胗快速成熟，口感脆嫩滑润，清鲜爽口。该菜自推出后，就闻名于世，原名爆双片，后来有人称赞其又脆又嫩，又改名为油爆双脆。到清代中末期，此菜传至北京、东北和江苏等地，成为中外闻名的山东名菜。

清代著名文人袁枚给予了油爆双脆极高评价，他在《随园食单》中是这样写的："将猪肚洗净，取极厚处，去上下皮，单用中心，切骰子块，滚油爆炒，加佐料起锅，以极脆为佳。"可见，当时人们已经相当精于烹制此菜了。此菜的绝佳之处还在于颜色呈一白一红二色，交相辉映之下更显色泽搭配之巧妙，可以大大刺激食客的食欲，真不愧是色、香、味、形兼备的美食。

模块检测

一、填空题

1. 鲁菜具有选料考究、_____、火候严谨、_____、_____、调味平和、_____、_____的特点。

2. 鲁菜作为中国传统美食之一，它的烹调技巧和口味都秉承着"_____、_____"的原则。

3. 鲁菜追求菜品的原汁原味，注重_____、_____、_____、_____、_____等口味。

4. 鲁菜的调味品主要使用盐、酱油、醋、糖等，以及葱、姜、蒜等调味品，使菜品口感鲜美而不失清淡。

5. 在传统上，鲁菜大致分为_____、_____、_____几大系列。

6. _____的技法，是鲁菜独创的一种烹调方法，它是将_____的原料加工成一定形状，调味后，或_____或_____，放入油锅中两面煎上色，控出油再加汁和调料、香料，以微火煨收汤汁，使原料_____、_____、_____、_____。

二、选择题

1.（　　）是山东名菜。

A. 芙蓉海参　　　　　B. 葱烧海参　　　　　C. 鸡米海参　　　　　D. 家常海参

2. 鲁菜典型的烹调技法是（　　）。

A. 爆　　　　　　　　B. 烧　　　　　　　　C. 焖　　　　　　　　D. 煮

3. 鲁菜的调味极重纯正醇浓，咸、鲜、酸、甜、辣各味均有，尤其善用（　　）。

A. 大蒜　　　　　　　B. 花椒、辣椒　　　　C. 油　　　　　　　　D. 大葱、面酱

4. 下列菜肴中均属于山东风味菜的一组是（　　）。

A. 干烧岩鲤、白云猪手、松鼠鳜鱼、大煮干丝

B. 糖醋鲤鱼、回锅肉、清炖蟹粉狮子头、三套鸭

C. 锅烧肘子、清汤燕菜、油焖大虾、水晶肴蹄

D. 九转大肠、奶汤蒲菜、油爆双脆、烩乌鱼蛋

5. 中国菜肴的四大风味流派各有代表菜品，菜肴"葱烧海参"所属的是（　　）。

A. 广东风味　　　　　B. 江苏风味　　　　　C. 山东风味　　　　　D. 四川风味

6.（　　）是山东名菜。

A. 糖醋里脊　　　　　B. 九转大肠　　　　　C. 宫保鸡丁　　　　　D. 白云猪手

7. 下列菜肴中属于鲁菜的是（　　）。

A. 糖醋鲤鱼　　　　　B. 糟熘鱼片　　　　　C. 松鼠鳜鱼　　　　　D. 水煮鱼片

8. 爆炒腰花是（　　）名菜。

A. 广东　　　　　　　B. 山东　　　　　　　C. 四川　　　　　　　D. 江苏

三、简答题

1. 简述鲁菜的特点。

2. 鲁菜在用料、调味、烹调方法等方面各有什么特点？

3. 列举鲁菜中有代表性的菜肴，并写出某种菜肴的风味特点、原料、制作工艺和操作关键。

参 考 文 献

[1]《中国烹饪百科全书》编辑委员会，中国大百科全书出版社编辑部. 中国烹饪百科全书［M］. 北京：中国大百科全书出版社，1992.

[2] 中国烹调大全编委会. 中国烹调大全［M］. 哈尔滨：黑龙江科学技术出版社，1990.

[3] 杨铭铎. 中式烹调师培训教材［M］. 哈尔滨：黑龙江科学技术出版社，1995.

[4] 庄永全，朱立挺. 中式热菜制作［M］. 3 版. 北京：高等教育出版社，2019.

[5] 王子辉. 中国烹饪风味流派与菜肴［M］. 西安：陕西人民教育出版社，1994.

[6] 中国烹饪协会. 鲁菜［M］. 北京：华夏出版社，1997.

[7] 周文涌. 烹饪艺术与冷拼制作［M］. 北京：高等教育出版社，2017.

[8] 周妙林. 凉菜制作与食品雕刻技艺［M］. 3 版. 北京：高等教育出版社，2020.

[9] 朱云龙. 凉菜工艺［M］. 北京：中国轻工业出版社，2000.